水下目标
被动探测技术

王学敏 李文海 吴明辉 李 建 编著

国防工业出版社
·北京·

内 容 简 介

本书从 Hough 变换理论和 TBD 技术发展历程开始，系统介绍了基于 Hough 变换理论和 TBD 技术的水下目标被动探测的问题及其相关处理方法与技术，主要内容涉及自适应交叉定位的距离-方位数据关联方法、三类目标被动检测的理论、技术和实践应用。本书共 7 章，包括绪论、Hough 变换理论、水下目标被动检测预处理方法、直线运动目标 HT-TBD 检测技术、典型机动运动目标 RHT-TBD 检测技术、非典型运动目标 RHT-TBD 检测技术、试验验证分析等内容。

本书主要面向水声工程、电子信息、计算机等专业高年级本科生研究生，也可供高校相关专业教师、科研人员和工程技术人员阅读参考。

图书在版编目（CIP）数据

水下目标被动探测技术 / 王学敏等编著. -- 北京：国防工业出版社，2024. 8. -- ISBN 978-7-118-13361-5

Ⅰ. U675.7

中国国家版本馆 CIP 数据核字第 2024SX1893 号

※

国防工业出版社出版发行
（北京市海淀区紫竹院南路 23 号　邮政编码 100048）
天津嘉恒印务有限公司印刷
新华书店经售

＊

开本 710×1000　1/16　印张 10　字数 173 千字
2024 年 8 月第 1 版第 1 次印刷　印数 1—1400 册　定价 96.00 元

（本书如有印装错误，我社负责调换）

国防书店：(010) 88540777　　书店传真：(010) 88540776
发行业务：(010) 88540717　　发行传真：(010) 88540762

前 言

水下目标被动探测具有先敌发现、隐蔽安全和远距探测等优势。但随着水下目标朝着低辐射噪声性能的发展，在复杂水声环境条件下，现有的被动探测技术难以有效实现水下目标探测。特别是高静音性潜航器的出现和发展，进一步加剧了水下被动探测的难度。因此，如何制衡低可探测性目标直接关系到我国海洋经济发展和军事安全利益，水下目标被动探测技术创新研究是应对这一挑战和难题所不可回避、亟待解决的问题。

水下目标被动探测通常是指在海洋环境背景噪声中对有人或无人水下航行器所产生辐射噪声进行检测。为了实现声纳被动探测信号处理的功能，通常采用空间滤波处理来提高空间增益、采用频域滤波提取线谱来检测识别目标、采用时间积分处理来获取时间增益。长期以来，各国海洋声学和军事学等领域人员持续探究水下目标被动探测技术，但相比于雷达、光电等电磁波被动探测领域的发展，基于声波的水下目标被动探测技术的理论和应用进展还是集中在线谱检测、能量检测、过零率检测、高阶统计量等经典技术及改进技术的研究。因此，有必要进一步探究水下目标被动探测的新理论和新应用。

本书以一定篇幅系统介绍了水下目标被动探测的一般理论、数学模型和系统要素等普遍性问题，构建了较为完整的基于 Hough 变换理论和检测前跟踪（Track-Before-Detect，TBD）技术的水下目标被动探测技术知识体系，并按照水下目标不同运动方式逐一介绍了各种方式下的检测原理、检测算法和检测性能。读者可以通过本书较为全面地认识和了解这项技术。本书侧重研究直线类 Hough 变换 TBD 检测、曲线类 Hough 变换 TBD 检测以及自适应 Hough 变换 TBD 检测等数学模型。针对每种模型，详细介绍了算法的理论推导和理论性能分析，并介绍了各种检测算法在多种特定场景下的仿真结果。本书还介绍了基于两浮标声纳和三浮标声纳的数据预处理方法，对于声纳浮标阵规划应用具有一定的借鉴意义。

在本书撰写过程中，李文海负责撰写第 1 章，王学敏负责撰写第 2~6 章，李建和吴明辉负责撰写第7章。

  本书是论述基于Hough变换理论和TBD技术的水下目标被动探测技术研究的一部专著，汇集了当前该领域的最新研究成果，反映了当前水下目标被动探测技术的研究水平，具有较强的应用价值。相信本书的出版将促进水下目标被动探测技术的深入研究和应用推广，并使广大从事水下目标被动探测研究的人员和希望了解水下目标被动检测技术的读者有所收获。

目 录

第 1 章 绪论

- 1.1 水下被动探测认知 ·· 1
  - 1.1.1 基本概念 ··· 2
  - 1.1.2 被动探测信号处理 ······························· 3
  - 1.1.3 被动探测技术现状 ······························· 4
- 1.2 被动探测水声信号 ·· 6
  - 1.2.1 水声信号基本概念 ······························· 6
  - 1.2.2 水下目标声信号 ································· 7
  - 1.2.3 水下噪声及干扰 ································· 8
- 1.3 被动探测浮标声纳 ·· 10
  - 1.3.1 发展现状 ··· 10
  - 1.3.2 工作原理 ··· 11
  - 1.3.3 投放过程 ··· 11
- 1.4 水下 TBD 检测技术 ······································ 12
  - 1.4.1 DP-TBD 算法 ···································· 13
  - 1.4.2 HT-TBD 算法 ···································· 14
  - 1.4.3 PF-TBD 算法 ···································· 15
  - 1.4.4 RFS-TBD 算法 ·································· 16
  - 1.4.5 H-PMHT 算法 ··································· 17
  - 1.4.6 算法比较分析 ···································· 18
- 1.5 本书主要内容及架构 ····································· 19

第 2 章 Hough 变换理论

- 2.1 引言 ··· 22
- 2.2 典型直线 HT 算法 ······································· 22
  - 2.2.1 直线 HT 参数方程 ······························· 24
  - 2.2.2 直线 HT 检测过程 ······························· 24

v

2.3 典型曲线 HT 算法 ·· 26
  2.3.1 圆 HT 算法 ·· 26
  2.3.2 椭圆 HT 算法 ·· 28
  2.3.3 抛物线 HT 算法 ·· 32
2.4 随机 HT 算法 ·· 34
  2.4.1 圆 RHT 算法 ··· 34
  2.4.2 圆 RHT 算法改进 ·· 35
2.5 三维空间 HT 算法 ·· 36
  2.5.1 直接变换法 ·· 36
  2.5.2 投影变换法 ·· 39

第 3 章 水下目标被动探测预处理方法

3.1 声纳浮标检测组构建 ·· 41
  3.1.1 两浮标检测组 ·· 41
  3.1.2 三浮标检测组 ·· 42
3.2 基于最小方差的自适应交叉定位算法 ······················ 43
  3.2.1 两浮标交叉定位原理 ······································ 43
  3.2.2 三浮标交叉定位原理 ······································ 44
  3.2.3 测向误差对交叉定位的影响 ······························ 45
3.3 基于自适应交叉定位的距离-方位数据互联算法 ············ 46
  3.3.1 AC-RA-DA 算法 ·· 47
  3.3.2 关联判决门限 ·· 48
  3.3.3 算法性能分析 ·· 49

第 4 章 直线运动目标 HT-TBD 检测技术

4.1 水下目标直线运动模型集 ····································· 55
  4.1.1 匀速直线运动模型 ·· 56
  4.1.2 匀变速直线运动模型 ······································ 56
4.2 基于自适应交叉定位和双门限 HT-TBD 的检测算法 ········ 58
  4.2.1 DT-HT-TBD 检测算法 ····································· 58
  4.2.2 算法性能分析 ·· 60
4.3 基于 AC-RA-DA 和规范化 DT-HT-TBD 的检测算法 ········ 67
  4.3.1 规范化 Hough 变换 ······································· 67
  4.3.2 NDT-HT-TBD 检测算法 ··································· 69

4.3.3 算法性能分析 ·· 71

第5章 典型机动运动目标 RHT-TBD 检测技术

5.1 水下目标典型机动运动模型集 ·· 80
   5.1.1 类圆弧运动模型 ·· 81
   5.1.2 类抛物线运动模型 ·· 83
   5.1.3 小舵角旋回运动模型 ··· 85
   5.1.4 典型机动运动离散系统模型 ··· 86
5.2 基于 AC-RA-DA 和类圆弧运动 RHT-TBD 的检测算法 ··············· 87
   5.2.1 C-RHT-TBD 检测算法 ··· 88
   5.2.2 RHT 运算复杂度及有效率分析 ··· 90
   5.2.3 算法性能分析 ·· 92
5.3 基于 AC-RA-DA 和类抛物线运动 RHT-TBD 的检测算法 ··········· 97
   5.3.1 P-RHT-TBD 检测算法 ··· 98
   5.3.2 算法性能分析 ·· 99
5.4 基于 AC-RA-DA 和小舵角旋回运动 RHT-TBD 的检测算法 ······ 102
   5.4.1 S-RHT-TBD 检测算法 ··· 103
   5.4.2 算法性能分析 ·· 105

第6章 非典型运动目标 RHT-TBD 检测技术

6.1 水下运动模型自动匹配技术 ··· 114
6.2 基于 AC-RA-DA 和自适应 RHT-TBD 的检测算法 ··················· 116
6.3 仿真验证及分析 ··· 118
   6.3.1 参数设置 ··· 118
   6.3.2 算法性能分析 ·· 118
6.4 基于三维空间的自适应 HT-TBD 检测算法 ····························· 121
   6.4.1 3D-AHT-TBD 检测算法 ··· 122
   6.4.2 3D 被动浮标阵预处理 ·· 123
   6.4.3 3D 自适应 Hough 检测 ··· 125
   6.4.4 3D 点迹优化处理 ··· 128

第7章 试验验证分析

7.1 试验主要参数指标 ·· 129
   7.1.1 探测设备指标 ·· 129

  7.1.2 环境场地指标 …………………………………… 130
  7.1.3 目标指标 ………………………………………… 130
  7.1.4 干扰指标 ………………………………………… 130
  7.1.5 数据采集及信号预处理 ………………………… 130
 7.2 试验方案及步骤 ………………………………………… 131
 7.3 新安江水库试验 ………………………………………… 132
  7.3.1 拦截阵试验 ……………………………………… 132
  7.3.2 覆盖阵试验 ……………………………………… 135
  7.3.3 试验小结 ………………………………………… 139

参考文献 ………………………………………………………… 142
主要缩略语 ……………………………………………………… 150

第1章 绪论

1.1 水下被动探测认知

航空探测器材主要分为声纳和非声两类。由于海水介质复杂性和独特性,使得声纳成为目前探测水下目标的最主要器材。航空探测作为现代探测体系中关键一环,以快速、灵活、高效著称。目前,我国航空探测平台大致分为固定翼飞机和旋翼直升机。尤其是新型固定翼探测平台研制,极大地推动了我国航空探测能力的发展。然而,与世界海洋强国相比,目前航空声纳浮标被动检测性能与实际应用需求还存在差距。目前,美日部署在西太平洋海域各类威胁性的攻击性潜航器,具备出色的静音性能赋予其隐蔽且致命的打击能力。因此,水下目标被动探测研究成为制约我国军事海洋经济和安全发展不可回避、亟待解决的问题,提升航空被动声纳浮标隐蔽探测水下目标的能力具有重要的经济和军事应用价值。

近年来,随着各国海洋综合实力的提升和海洋权益的重视,水下目标探测技术和应用得到快速发展,国内外研究表明,TBD 技术是一种适用于水下低可探测性目标检测的有效方法。与经典的声纳目标辨识技术相比,其优势在于 TBD 不是直接对单次接收信号检测,而是将连续多次接收信号进行非相关积累,增加了待检测信息中的目标信息量,用来提高检测概率。在各类 TBD 算法中,Hough 变换 TBD(Hough Transform TBD,HT-TBD)算法在水下目标检测中具有良好的检测性能。目前,对 HT-TBD 算法研究主要集中在主动声纳,而单枚被动声纳无法获取位置信息,不能直接采用 HT-TBD 进行检测。探究 HT-TBD 在航空被动定向声纳浮标阵中应用,扩展了 HT-TBD 检测的适用领域,为解决水下目标被动检测问题提供了新思路。

本书对航空被动定向声纳浮标阵检测水下低可探测性目标进行了研究,旨在为水下低可探测性目标被动检测研究提供新的方法,同时也为提升现有探测装备的综合保障能力提供理论支撑。

1.1.1 基本概念

在上海辞书出版社 2010 年出版《近现代辞源》中，探测是指对不能直接观察的事物或现象用仪器进行考察和测量[1]。在百度百科、搜狗百科中给出探测的定义：探测是指探查某物，确定物体、辐射、化学化合物、信号等是否存在。英文中常用 detection 来表示，例如，《柯林斯高阶英汉双解学习词典》中给出 detection 的释义为 the detection that a signal is being received[2]。探测的对象是一种信号，通常分为主动探测和被动探测。

在鲍克主编的《英汉电子学精解辞典》中，被动探测（Passive Detection，PD）是指用不暴露探测仪器位置（探测器无发射）的手段，来监测目标或其他对象的一种监测方法[3]。因此，被动探测又称无源探测。

在不同条件下，被动探测对应着不同分类方法。根据水下目标的运动状态，可以分为静态目标被动探测和动态目标被动探测；根据探测传感器类型，可以分为雷达被动探测、声纳被动探测、红外被动探测、磁探被动探测等；根据传感器数量，可以分为单传感器被动探测和多传感器被动探测，例如，分布式被动传感器探测系统由分布于一定区域的被动传感器组成，以求弥补单被动传感器在探测范围、探测信息维度上固有的缺陷，实现区域监视[4]；根据探测平台，可以分为卫星被动探测、航空被动探测、水面被动探测、水下被动探测以及陆上被动探测。

对水下目标而言，被动探测通常是指被动声纳系统对接收水声信号进行信号处理，将目标从噪声和干扰背景中检测出来的过程。书中所述的水下目标被动探测技术是指在海洋环境背景噪声中对有人或无人水下航行器所产生辐射噪声进行检测的方法。在声纳被动探测系统中，水听器及其阵列构成了被动探测的硬件基础；信号处理部分构成了被动探测的软件基础。水听器及其阵列的形式、尺寸及安装方式等都会直接影响信号的接收；信号处理部分通常又分为水下模块和水上模块，决定了信息提取的有效性[5]。因此，声纳被动探测系统的软硬件基础共同决定了其对水下目标被动探测的性能。

由于声纳被动探测系统本身并不发射信号，所以目标不易察觉其存在，具有较强的隐蔽性。但其探测精度相对较差，目标声源静默时无法直接探测，并且声纳和目标的几何位置直接决定着探测精度。此外，声纳被动探测的对象是目标声源而不是声源载体本身。因此，只能利用声源信号特征推断其搭载平台的类型。与主动探测相比，声纳被动探测具有如下特点[6]。

（1）探测安全性高。由于采用被动探测，搭载被动声纳平台在被动探测过程中被对方发现的概率大大降低。此外，被动声纳不发射声波探测水下目标，故不受混响的影响。

（2）探测范围较大。相比于相同探测类型的主动声纳，如被动全向声纳和主动全向声纳，被动声纳直接接收目标声源信号，而主动声纳要先发射再接收回声信号，一发一收过程存在传播损失，限制其探测范围。

（3）性价比较高。相比于相同探测类型的主动声纳，如被动定向声纳和主动定向声纳，被动声纳结构较简单，生产成本较低。这也是在航空探测中被动声纳消耗量远大于主动声纳的主要原因之一。

（4）测角精度较低。被动定向声纳中的矢量水听器自身存在测向误差和优势测角范围，被动声纳安装过程中存在位置误差，使用过程中存在位置误差，上述误差连同声纳和目标的几何位置等因素都会影响被动定向声纳的测角精度。

（5）受背景噪声影响大。背景噪声包括海洋环境噪声和搭载平台的自噪声。据国外文献报道，如果搭载平台辐射噪声强度减低至一定数值，己方被动声纳的探测范围会成倍增加。

1.1.2　被动探测信号处理

在声纳被动探测中，信号处理的主要任务是利用各种技术手段提高输出信噪比（Signal to Noise Ratio，SNR），将目标信号从噪声和干扰中区分开来，进而实现水下目标的检测、定位和识别[7]。图1-1给出了声纳被动探测信号处理示意图。声源部分是指被探测水下目标在航行中所辐射的噪声，被动声纳通过接收这些辐射噪声实现水下目标探测，确定目标状态和性质。

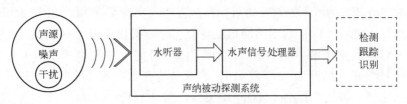

图1-1　声纳被动探测信号处理示意图

声纳被动探测信号处理受到噪声场随机特性、输出信噪比低、信号与干扰空间相关性的影响[7]。其中，被动声纳探测信号是随机噪声场中一种未知的随机信号。海洋环境噪声与目标自噪声等干扰构成随机噪声场，而水下目标辐射噪声及其主动声纳发射的信号构成了待检测的未知随机信号。此外，声纳被动探测信号与干扰的空间相关性不同。由于目标辐射噪声和携带声纳的平台自噪声的功率谱相近，因此，两者时间自相关函数相似，但空间自相关函数是非相关的。

信号处理的作用是抑制干扰、提取有效的信号。为了实现声纳被动探测信号处理的功能，目前通常采用空间滤波处理技术[8]来提高空间增益，采用频域滤波提取线谱技术[9]来检测识别目标，采用时间积分处理技术[10]来获取时间增益。其中，空间滤波处理技术根据信号与干扰空间特性的差异，采用波束形成或互相关接收来抑制环境噪声提高信噪比，从而提高空间增益。频域滤波提取线谱技术已成为声纳被动探测信号处理的最主要方法之一。在水下目标辐射噪声的低频段中，线谱成分含有丰富的信息，既可以用来检测目标，也可以用来跟踪和识别目标。时间积分处理技术本质上是利用噪声时间波形和信号加噪声时间波形在统计特性上的差异，改善声纳被动探测信号处理能力。

1.1.3 被动探测技术现状

随着水声信号处理技术的发展，现有的水下目标被动检测技术除了线谱检测，还主要包括能量检测、过零率检测、高阶统计量检测以及智能检测等技术。

1.1.3.1 线谱检测技术

线谱检测技术是直接对声纳接收信号预处理得到线谱，之后找出通过判决门限的线谱的检测方法[11]。舰艇线谱是指其辐射噪声的频率-幅度谱线，代表了不同频率条件下对应的舰艇辐射噪声强度。文献[12]中提出了一种基于时空域联合的水下未知线谱目标检测方法，实现了在LOFAR图中线谱检测和跟踪。文献[13]利用谱峰形状特点，分别提出了基于多线谱干扰抑制的水下对空运动声源线谱探测。文献[15]研究了一种基于Hough变换的LOFAR图线谱检测算法。文献[16]将双基地有源声纳贝叶斯序贯理论应用于文献[15]算法，提高了LOFAR图线谱检测性能。文献[17]将无监督神经网络技术用于LOFAR图线谱检测，文献[18]提出了一种基于隐马尔可夫链的线谱跟踪算法，文献[19]提出了多目标的线谱检测算法。线谱检测技术一直是国内外声纳被动检测技术研究的热点。随着水下目标辐射噪声降低，现有线谱检测性能受到严峻的挑战。

1.1.3.2 能量检测技术

能量检测技术是指在一定虚警概率条件下，利用背景噪声统计模型和估计参数构建检测门限，采用水声信号的能量概率分布特性和 Neyman-Pearson 准则来检测水下目标的方法[20]。文献[21]提出了一种子带峰值能量检测算法。文献[22]通过累积相同波束中不同子带峰值，改善了文献[21]算法中噪声的随机性，适用于较高信噪比条件下检测。文献[23]研究了一种基于被动带通广义能量检测混合模型，在降低虚警概率条件下，改善了检测门限精度。文献[24]提出了波束域宽带峰值能量检测算法，在宽带波束后直接进行峰值能量检测，性能优于子波束峰值能量检测。文献[25]指出了能量检测没有充分利用量测信息，不适合低信噪比条件下检测。

1.1.3.3 过零率检测技术

过零率检测技术是指通过计算信号噪声波形过零点数变换来检测水下目标的方法，采用宽带噪声过零点统计，是一种近似最佳检测方法。文献[26]研究了3种基于时域信号过零率的检测算法。文献[27]将过零率检测应用于水面舰船噪声检测。国内外研究文献表明，过零率检测具有较强的抗起伏干扰的能力，但检测性能受限于观测时间[28]。

1.1.3.4 高阶统计量检测技术

高阶统计量检测技术是指利用高阶统计量及其高阶谱中的幅度信息和能量信息来检测水下目标的方法。文献[29]提出了 Hinich 双谱检测算法以及改进算法，检测性能优于能量检测算法。文献[30]将四阶累积量算法用于实际水声瞬态信号的检测。文献[31]研究了一种基于高阶统计量的多谱线检测算法，提高了对声纳图像的检测概率和识别精度。高阶统计量检测在高斯过程中高阶累积量为零，适用于高斯色噪声场景，但检测运算量大，难以实时检测。

1.1.3.5 智能检测技术

智能检测技术是指利用神经网络、深度学习、模式识别、数据融合等人工智能算法来检测水下目标的方法。早在20世纪50年代末，美军就开展了基于神经网络模型、感知模型、自适应线性元模型以及 BP 模型的先进水下目标自动检测技术研究。文献[32]研究了一种基于神经网络的 LOFAR 图增强技术，在改善图像信噪比同时获得了很高的检测精度。文献[33]在 LabVIEW 和 FPGA 平台上构建了智能被动声纳检测系统。国内对该领域的研究起步慢于国外，但后续发展迅速。例如，文献[34]将专家系统用于水下目标被动检测。文献[35]将混沌检测模型应用于水声信号检测。

综述分析可知，现有主要的水下被动检测技术的实现流程通常是先完成检测，后进行跟踪，属于检测后跟踪（Detect Before Track，DBT）算法。先检测指的是设置检测阈值对单帧原始观测信号进行门限判决，获取量测点；后跟踪指的是将检测得到的量测点进行数据关联并形成航迹。为了保证一定的目标检测概率，在低信噪比目标检测时，通常设置较低的检测门限，而较低的门限会伴随着较高的错误检测概率，导致虚假航迹产生；如果检测阈值设置过高，则有可能会丢失部分有效的量测点，增加了后续跟踪的难度。因此，在低可探测性目标的检测中，现有水下被动检测技术的适用性将变差。

1.2 被动探测水声信号

为了对抗水下声纳探测，声隐身技术是潜航器隐身采用的最主要手段。针对声纳探测方式，潜航器的声隐身措施大致分为两种。措施一是降低辐射噪声对抗被动声纳探测，措施二是降低目标回声对抗主动声纳探测。由于水下目标辐射噪声是潜航器暴露的最主要来源，本节重点对被动探测水声信号展开介绍。

1.2.1 水声信号基本概念

在辽宁人民出版社1998年出版的《海洋大辞典》中，水声信号是指由水声设备在水下发出或接收到的有用信号，简称"信号"[36]。与信号相对的是噪声，即接收到的无用信号。例如，在接收远处的爆炸信号时，接收信号的形状可能如图1-2所示。t_1时刻之前的信号实际上不是信号而是噪声，$t_1 \sim t_2$的部分才是信号（但含有噪声），t_2时刻之后也是噪声。但是，某些情况下的噪声在另外一些情况下却是信号。例如，波浪破碎声是干扰主动声纳工作的一种噪声；如果通过接收波浪破碎声来研究风与浪的作用规律，则其作为信号存在。

水声信号主要包括目标辐射噪声、搭载平台自噪声和海洋环境噪声。相比于舰艇声纳、鱼雷声纳、吊放声纳等，浮标声纳远离搭载平台，受平台自噪声的影响较小。为了表述方便，书中将有益的目标辐射噪声称为水下目标声信号，将无益的目标辐射噪声称为水下干扰，将海洋环境噪声称为水下噪声。其中，水下噪声是被动声纳的主要干扰背景，直接干扰被动声纳的正常工作，从而影响被动声纳的性能发挥。

水声信号是一个随机过程[7]。声压是描述水声信号一个重要物理量，显然，声压是一个随机变量。对于随机变量而言，概率密度函数等统计特性难

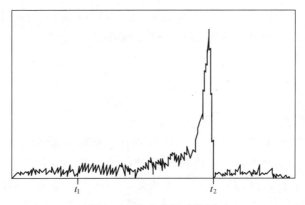

图 1-2　水声信号示意图

以表征其特性，而随机过程的功率谱是一个确定的统计量，因此，通常用功率谱或自相关函数表示随机变量的特性。功率谱表示随机过程的各频率分量的平均强度。水声信号的频率分析指的就是这种声强的频率特性。根据水声信号的频谱曲线的形状，其频谱分为线谱和连续谱。实际的水声信号是多种声源的综合效应，每种声源的频率特性各不相同，因此，水声信号的线谱曲线通常是线谱和连续谱的迭代而成。图 1-3 给出了水声信号的线谱曲线。

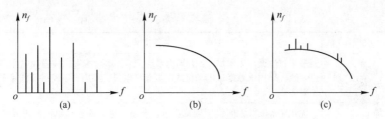

图 1-3　水声信号的线谱曲线
(a) 线谱；(b) 连续谱；(c) 混合谱。

1.2.2　水下目标声信号

水下目标辐射噪声是被动声纳探测的声源。被动声纳通过接收这种噪声对目标进行检测。水下目标在航行或作业时，其推进器和各种机械都在工作，所产生的振动通过壳体向水中辐射声波，称为水下目标辐射噪声。被动声纳方程中的声源级 SL 就是用来描述水下目标辐射噪声强弱的一个参数。在实际测量中，辐射噪声的声源级 SL[7] 可表示为

$$\mathrm{SL} = 10\lg \frac{I_N}{I_0} \tag{1-1}$$

式中：I_N 表示水声换能器工作带宽 Δf 内距离目标声源中心 1m 处的噪声声强；I_0 表示参考声强。如果在带宽 Δf 内换能器的响应是均匀的，则辐射噪声源的谱级 $SL(f)$[7] 为

$$SL(f) = 10\lg \frac{I_N}{I_0 \Delta f} \qquad (1-2)$$

式中：$SL(f)$ 代表 1Hz 频带内的声源级。

水下目标的辐射噪声主要包括机械噪声、螺旋桨噪声和水动力噪声[7]。其中，机械噪声是水下目标辐射噪声低频段的主要成分；对于采用螺旋桨推进方式的水下目标，其螺旋桨空化噪声是高频的主要成分，而螺旋桨噪声是 100~1000Hz 频率范围内的低频强线谱，螺旋桨叶片速率谱噪声是 1~100Hz 频率范围内的低频强线谱；水动力噪声是一种无规则的噪声，其通常在强度上弱于机械噪声和螺旋桨噪声。

在水下潜航器中，与之相对应的降噪技术主要有机械噪声降噪技术、螺旋桨噪声降噪技术、水动力噪声降噪技术。此外，隔断潜航器自噪声由内向外传递也是一种有效降噪技术，主要包括消声技术和减振技术。例如，长期以来各海洋强国始终致力于打造静音性能更好的水下潜航器。表 1-1 给出了提升水下潜航器声隐身能力所采取的主要技术措施[37-42]。

表 1-1 水下潜航器降噪主要技术措施

作用机理	主要技术措施
降低机械噪声	采用自然循环压水堆、AIP 动力系统，采用电力推进、核能和电能一体化推进系统，采用永磁推进电动机或高温超导电机，采用自航发射等低噪声发射技术等
降低螺旋桨噪声	优化完善七叶大侧斜螺旋桨推进、泵喷推进，探索磁流体推进等新型推进方式
降低水动力噪声	采用 X 形尾舵和雪茄型等船体优化艇体外形，合理设置附体节流水孔，尽可能减少艇体表面开孔数量和大小，减少流体阻力、降低湍流产生，优化组合体推进方式，降低螺旋桨空化噪声
消声技术	为艇内设备加装隔声罩，艇体敷设去耦瓦、阻尼瓦等隐声材料，采用有源消声技术等
减振技术	采用隔振、消振、吸振和阻振等减振降噪技术

1.2.3 水下噪声及干扰

水下噪声是存在于水声信道中的背景干扰，对被动声纳的探测产生干扰，从而限制被动声纳的性能。水下噪声声源是多种多样的，主要分为潮汐噪声、波浪噪声、递增扰动噪声、海洋湍流噪声、航船噪声、风成噪声以及热噪声

等。其中，舰船噪声和风成噪声对声纳影响最大。本书重点对舰船噪声和风成噪声展开介绍。

航船噪声是指航行中的舰船推进器和各种工作机械部件产生的振动通过船体向水中辐射的声波。航船噪声主要分布在低频段，可实现远距离传播。但如果距离太远，通常超过100km，其对被动声纳处的水下噪声贡献可以忽略不计。实际中，对于间距为10km的航船，其作用不宜计入水下噪声。因此，仅考虑10~100km范围内的航船噪声对水下噪声的贡献。

图1-4给出了舰船噪声的实测平均谱级[7]。其中，6条曲线自上而下表示近年舰船噪声的变化，曲线F-E间的噪声级，已上升至曲线C-D间的噪声级水平。在形成曲线C-D的时间内，噪声水平又上升至曲线A-B范围。

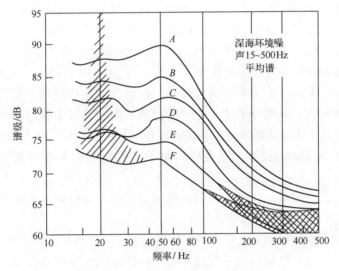

图1-4　航船噪声的实测平均谱

风成噪声是指在大气风作用下，海面波浪运动产生的噪声，其本质是分布于海表面的大量噪声源的辐射噪声在接收点的叠加[7]。

随着水下潜航器消声降噪技术的发展以及无人技术的应用，近几十年来，水下潜航器的辐射噪声强度逐年降低，再加上水下噪声的复杂性，可供被动声纳检测的信号变得越来越微弱。当水下潜航器的辐射噪声强度减低到100dB左右时，水下噪声甚至可以将其完全掩盖。因此，在航空探测中，水下潜航器声隐身能力的提升严峻挑战着现有的被动检测方法的性能。

相比于水下目标声信号，水下干扰是无益的辐射噪声信号。在声纳浮标探测范围内，水下干扰信号的声源级、声源谱级以及线谱成分等与水下目标信号类似，这里不展开介绍。

1.3 被动探测浮标声纳

本书依托航空被动定向声纳浮标这一航空探测的主要器材，从探究检测新方法角度改善现有器材的探测能力。知己、知彼、知技术是提升航空探测水下目标能力的坚实基础。

1.3.1 发展现状

航空声纳浮标大部分是由固定翼飞机和直升机投放。其既可以被动接收水下潜航器的辐射噪声，实现隐蔽探测；也可以主动发射声波探测水下潜航器，接收目标回波实现精确探测。因此，相比于其他探测器材，航空声纳浮标是用于航空探测中最主要的器材。航空声纳浮标属于非重复性使用器材，一些海洋强国的年消耗数量非常庞大。

声纳浮标主要用于对水下目标搜索、跟踪、定位和识别，并对海洋环境的噪声、温度等要素进行测量。声纳浮标是当前国外海军普遍使用的航空探测器材。相比于其他搜潜器材，利用声纳浮标探测具有以下优点[6]。

（1）声纳浮标体积小，重量轻，便于飞机携带和大面积部署，探测效率高。

（2）在执行搜潜工作时，声纳浮标通过无线电与机载电子设备进行信息交联，对飞机的机动性能影响小。

（3）相比于舰艇声纳，声纳浮标探测性能不受飞机平台噪声影响。

（4）声纳浮标虽然属于一次性耗材，但通过批量生产降低其单价，从而在大规模使用时具有较好的经济性。

声纳浮标最早于20世纪40年代用于军事作战，经过70余年的发展，国外声纳浮标已形成了完整的产品系列。目前，国际上以美国浮标系列产品为主，其发展大致可以分为3个阶段，如图1-5所示。

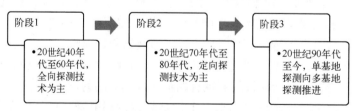

图1-5 国外声纳浮标发展3个阶段

1.3.2 工作原理

被动定向声纳浮标之所以能够测向,是由于采用矢量水听器。矢量水听器既能给出声压信息,又能给出振速信息,从标量和矢量两个方面描述水下声场特性。

矢量水听器由声压传感器和振速传感器组成,它们分别给出水下声场中相同位置、相同时刻的声压信息和振速信息。其中,声压传感器由多个在空间按一定几何形状排列的传感器(声压传感器、加速度计等)组成。在水下声场的作用下,各传感器都有输出,对其作相应处理后取平均值,从而得到传感器几何中心上的声场声压信息。

由声学原理可知,与振速相关联的物理量有质点位移 x、质点加速度 a 和声压梯度 ∇p,对于频率为 ω 的谐和波而言,满足以下关系[7]:

$$\begin{cases} x = -\mathrm{j}\dfrac{v}{\omega} \\ a = \mathrm{j}\omega v \\ \nabla p = -\mathrm{j}\omega \rho v \end{cases} \qquad (1-3)$$

式中:v 表示振速;ρ 表示质点密度。

在笛卡儿坐标系 $Oxyz$ 中,将 3 组矢量水听器的振速传感器分别布设于 x、y、z 轴上,各轴上相邻两个声压传感器间距满足偶极子条件,对轴上的两个传感器的输出进行差分处理,从而得到三轴向的振速分量。因此,三轴向的振速分量具有偶子指向性。

矢量水听器用于水下目标方位估计主要有振速分量法、平均声强法、互谱法等估计方法。3 种方法均可测量空间中目标的方位角和俯仰角。其中,互谱法特别适用于线谱目标方位估计。此外,互谱法还具有一定的抗干扰能力。

1.3.3 投放过程

航空声纳浮标主要由包装桶、外壳、发射筒、降落伞、水面装置、水下装置组成。包装桶和外壳用于装载并保护浮标内部组件;降落伞通过发射筒底盖工作;水面装置包括气囊,气囊组件通过气囊触发机构工作;水下装置包括上电子舱、下电子舱、换能器和稳定组件[6]。图 1-6 给出了浮标空投示意图。

声纳浮标投放过程分为以下 3 个阶段。

(1)投放前准备阶段。浮标在投放前,先设置好工作时间、深度和通道,打开风板制动开关并将浮标放入浮标桶。

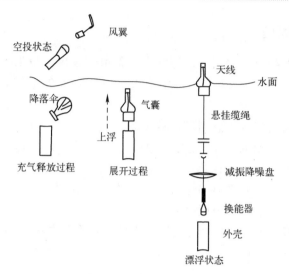

图 1-6 浮标空投示意图

(2) 离机至入水阶段。当浮标投出机舱后,自动翻身正位,风板在弹簧作用下与浮标分离,降落伞自动打开,从而使浮标的下落速度降低达到稳定速度,并一直保持该速度直至着水。

(3) 入水至工作阶段。浮标入水后,水下电池被激活并向充气机构、水面电子组件和水下前置放大器供电;降落伞自动脱离,同时气囊膨胀至浮出水面;水下装置下降,电缆及减振降噪系统按顺序依次展开,到达预置深度;水下分机由悬浮系统支持,稳定在工作深度上;外壳及配重继续下降,直到完全脱离。

1.4 水下 TBD 检测技术

在低可探测目标检测和跟踪中,TBD 技术发挥着越来越重要的作用[43]。低可探测目标(弱目标、微弱目标)是指为提供传感器响应的信噪比低于 10dB 的测量值所对应的目标[44]。绝大数水下潜航器都具有低可探测特性。为此,应用于水下探测的 TBD 技术成为水下目标检测和跟踪研究的热点,国内外专家和学者对其展开了广泛的研究和探索[45]。本书在阐述 TBD 技术的基础上,介绍了水下目标检测和跟踪领域中现有 5 种主流 TBD 算法,总结了各类 TBD 算法的研究进展及优缺点,为探究水下目标被动检测提供了新思路。

针对低可探测性目标的检测问题,国内外专家学者进行了大量的探索和研究。其中,TBD 技术凭借其在低信噪比条件下检测和跟踪中的优异表现,自20世纪70年代一经出现便受到了广泛关注[44]。目前，TBD算法已经成为探测临近空间、复杂水声环境中低可探测性目标的关键技术。这是因为TBD算法打破了传统DBT算法流程中先检测后跟踪的局限，克服单帧观测数据的检测阈值局限。相比于DBT算法，TBD算法具有三大优势[46]。

（1）对单帧数据无需阈值处理，保留了目标的全部信息。

（2）基于跟踪思想的航迹搜索，避免了复杂的数据关联。

（3）利用多帧数据非相参积累进行决策，提高了目标的有效检测概率。

因此，通过改善低信噪比条件下目标的检测和跟踪性能，TBD算法是实现低可探测性目标检测和跟踪的一种有效方法。图1-7描述了TBD算法流程。

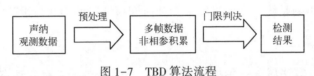

图1-7 TBD算法流程

目前，应用于水下目标探测的TBD算法研究主要有动态规划[47]（Dynamic Programming，DP）、Hough变换[48]（Hough Transform，HT）、粒子滤波[49]（Particle Filter，PF）、随机有限集[50]（Random Finite Set，RFS）以及直方图概率多假设跟踪[51]（Histogram Probabilistic Multi-Hypothesis Tracking，H-PMHT）等算法。其中，基于RFS的TBD（RFS-TBD）算法主要通过PF来实现，可以看作PF-TBD算法的一种新应用；H-PMHT算法可以看作一种基于期望最大化数据关联的特殊TBD算法，但考虑RFS-TBD算法、H-PMHT算法在多目标检测和跟踪中优势，故专门对其讨论。

1.4.1 DP-TBD算法

1.4.1.1 算法概述

DP-TBD算法是一种基于离散状态的最大似然估计（Maximum Likelihood Estimation，MLE）的TBD算法[47]。与贝叶斯递推理论不同，MLE直接选择单个最佳路径，而不需要累积备用路径的概率。Guo等[52]采用TBD策略提取图像序列信息估计水下自主潜航器（Autonomous Underwater Vehicle，AUV）的动态，利用DP算法解决检测问题。文献［53］将自组织映射、动态规划和Hough变换相结合，提出了一种在多基地主动声纳场景下快速可靠的水下目标检测和跟踪算法，从而不需要考虑目标运动学模型。针对实时性需求，文献［54］使用有限状态马尔可夫链分析水声信道时变特性，采用随机 DP 算法来推导水声节点传输能量的最优分配策略，提出了一种降低 DP 运算复杂度的次优算法。虽然文献［55］算法实现了低 SNR 下检测，但它只适合检测单个目标，且其计算复杂度极高，Testolin 等[56]研究了一种卷积去噪自动编码器 DP-TBD（Combining Denoising Autoencoders-DP-TBD，CDA-DP-TBD）的新方法，它将深度学习与 DP 相结合，前者用作有效的去噪滤波器，而后者可进一步识别独特的目标并精确跟踪其航迹。在多目标场景中，文献［57］提出了一种基于并行计算的 DP-TBD 算法（Parallel Computing-DP-TBD，PC-DP-TBD），针对相邻目标可能相互干扰、计算复杂度随着目标数量的增加而增加问题进行研究和改善。再者，文献［58］将 DP-TBD 算法应用于具有良好隐蔽性的被动声纳系统中，解决弱未知和时变目标数的检测与跟踪问题。

1.4.1.2 算法特点

DP-TBD 算法属于一种批处理技术。其优势在于具有与动态模型一致的估计，即不是从备用路径中累积概率，而是选择单个最佳路径；采用多阶段决策，通过计算各阶段最优决策，并借助各阶段间的相关性实现整体最优决策。然而，DP-TBD 算法无法直接对目标状态空间进行连续迭代处理，适用于复杂度不高的目标运动模型；检测概率和实时性对检测环境比较敏感，运算时间受目标数量影响，并伴随着错误决策概率提高。

1.4.2 HT-TBD 算法

1.4.2.1 算法概述

HT-TBD 算法是一种批处理技术。该算法由 Carlson 等[59]首次提出。文献［60］指出，由于声纳扫描图像是目标状态的高度非线性函数，采用基于离散状态空间的 HT-TBD 算法势必占用大量的计算资源，并且不适用于非直线运动检测。文献［61］指出，改进 HT-TBD 算法允许从任意方向的任意像素估计有限长度的目标轨迹，即可以应用于图像集，并且可以实现多维检测和跟踪。Wang 等[62]将 HT-TBD 算法用于低频有源拖曳阵列声纳检测水下目标。通过对波束域中的数据进行归一化处理以抑制混响和杂波干扰，改善了算法的实时性；根据对 MF 后的数据进行缩减以尽可能保留弱目标的信息，提高了算法的可靠性。文献［63］研究了基于声纳图像的 HT-TBD 算法，在不同场景条件下对水下目标进行了检测。文献［64］在短时傅里叶变换的预处理基础上，采用 HT-TBD 算法实现了微弱单频周期脉冲信号检测。

1.4.2.2 典型算法步骤

基于主动声纳的 HT-TBD 算法的基本思路[48]：首先，通过波束赋形声纳阵列数据，归一化处理波束域中的时域数据，匹配滤波获取目标的距离-方位信息，完成了声纳阵列数据预处理；其次，将距离-方位-时间三维图像序列累加成包含目标实际运动航迹信息的距离-方位二维图像，实现了距离方位二维累积图像构建；最后，利用 HT 正映射公式将图像空间映射到参数空间中，在参数空间进行非相参积累，通过设置阈值进行门限判决，将超过门限的参数点回溯到图像空间，得到了目标运动航迹，即实现了目标检测。HT-TBD 算法流程及核心内容如图 1-8 所示。

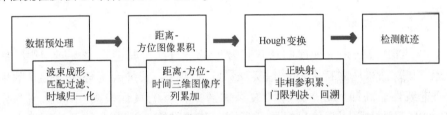

图 1-8 HT-TBD 算法流程及核心内容

1.4.2.3 算法特点

HT-TBD 算法的主要优势在于算法可靠性高、适应性强，不受线性和非线性、低信噪比条件的限制。只需要利用不同 HT 方程将数据空间量测点转换成参数空间参数信息的非相参积累，通过门限判决，即可实现直线运动目标和机动运动目标的航迹检测。不过，由于批处理需要保留更多数据，与传统的直接检测方法相比，经典的 HT-TBD 算法实时性受检测精度的影响，尤其 HT-TBD 在多目标检测时，复杂度、实时性、实现难度将会增大，从而限制了 HT-TBD 算法在工程实践中广泛应用。此外，现有的 HT-TBD 算法在处理批次中集成了基于已知运动模型的目标能量，而没有考虑未知运动模型的自适应性。

1.4.3 PF-TBD 算法

1.4.3.1 算法概述

PF 算法是一种近似实现贝叶斯递归估计的序贯方法，利用随机样本近似模拟状态方程的后验概率密度，可以实现多种准则下的状态估计[49]。PF-TBD 算法最早由英国的 Salmond 和荷兰的 Boers 提出[65]。文献［66］提出了一种基于 PF 和 TBD 的水下目标检测和跟踪方法，但其性能提升是以牺牲较大的计算复杂度为代价的。文献［67］提出了基于混合优化采样、拉马克遗传策略的改进型 PF-TBD 算法，在单个弱目标匀速运动和协同转弯运动情况下，实现了有效检测与跟踪。文献［68］研究了基于联合多目标概率密度的 PF-TBD（Joint Multitarget Probability Density-PF-TBD，JMPD-PF-TBD）算法，实现了拖曳声纳系统对目标数量未知条件下的检测和跟踪。Yi 等[69]研究了一种改进型 PF-TBD 算法，采用遗传算法中的交叉和变异算子来进化具有小权重的粒子，在信号不连续和多目标交叉的情况下可以连续准确地跟踪目标方位。

1.4.3.2 算法特点

PF-TBD 算法是一种递归迭代贝叶斯滤波方法，其能够完整匹配跟踪的思想。该算法采用蒙特卡罗思想实现贝叶斯估计，其最大优势在于能有效地处理非线性非高斯问题，适用于复杂水声条件下的目标检测和跟踪。但是，PF-TBD 算法主要围绕单目标展开研究；其改进算法也大多基于重要性采样实施，虽然改善了算法的估计性能，但通常伴随着算法复杂度的增大；采用智能优化重采样策略，但在粒子多样性控制、寻优引导能力等方面并不理想，同时也增加了算法的运算量。此外，在多传感器多目标检测时，PF-TBD 算法性能取决于测量似然函数的构建、系统模型的选择、估计算法的选择，以及在预测阶段通过查普曼-柯尔莫哥洛夫方程所需的多维积分的数值计算等因素[70]，这些都限制了 PF-TBD 算法在多目标检测和跟踪中的应用。

1.4.4 RFS-TBD 算法

1.4.4.1 算法概述

RFS 算法也是一种基于贝叶斯递归处理方法。与 PF 算法不同，在多目标跟踪时 RFS 算法直接处理量测数据获取目标航迹，避免了数据互联问题，因此在声纳等多目标探测领域受到广泛的研究。Punithakumar 等[50]首次将 PHD 理论应用于 TBD 算法，提出了基于 SMC-PHD 的 TBD（SMC-PHD-TBD）算法，创新性的解决了 RFS 与 TBD 算法难以融合使用的问题。文献［71］通过构建"标准"多目标观测模型，推导了 PHD 加权系数的解析形式，实现了 PHD 理论和 TBD 算法的有效融合，其估计性能优于经典的 PF 算法。文献［72］提出了一种基于多模型的 PHD-TBD（Multiple-Model-PHD-TBD，MM-

PHD-TBD）算法，通过自适应过程噪声和粒子似然的重要性重采样，对 SMC-PHD-TBD 算法[70]进行了序列改进，提高了 SMC-PHD-TBD 算法的鲁棒性和收敛速度。文献［73］在 SMC-PHD 滤波框架下提出一种基于点扩散模型的多目标 TBD 算法，通过粒子子集分割手段实现了加速运算，并利用动态聚类方法准确提取多目标状态。

1.4.4.2 算法特点

RFS-TBD 算法融合了 PFS 理论和 TBD 算法的优点，同时也继承了一些不足。该算法的优势在于通过近似求解多目标贝叶斯滤波的一阶矩，改善了多目标航迹检测和跟踪性能；通过同时计算 PHD 分布函数和势函数，RFS-TBD 算法能够保留了更多的目标数量信息，改善了 TBD 算法的检测和跟踪性能。然而，在多目标检测和跟踪中，RFS 理论与 TBD 算法有效融合待完善，该算法实时性较差，算法模型与实际模型的匹配度不高，有效粒子数偏少，在目标交叉且重叠和复杂环境下的可靠性偏弱。

1.4.5 H-PMHT 算法

1.4.5.1 算法概述

H-PMHT 算法可以看作是一种基于期望最大化数据关联的特殊 TBD 算法，采用 PMHT 数据关联将动态混合拟合到传感器观测图像数据完成目标检测[51]，也可用于在强杂波环境中使用强度调制数据流跟踪目标[74]。H-PMHT 算法主要适用于线性高斯点扩散函数。Walsh 等[75]借助 PMHT 理论，推导了一种基于非平稳数据流强度调制的多目标跟踪算法。Ceylan 等[76]将 H-PMHT 算法用于水下目标跟踪，解决了在目标相互干扰条件下的多目标跟踪问题。Vu 等[77]采用 H-PMHT 算法研究了 TBD 在主动声纳检测和跟踪中的应用，与基于综合概率数据关联的传统算法相比，在低信噪比水平下的性能更加稳健。Luginbuhl 等[78]致力于将 H-PMHT 算法应用到被动声纳检测。H-PMHT-RM[79]是文献［78］中描述的原始 H-PMHT 算法的改进型，该算法使用随机演化矩阵来描述目标形状，通过跟踪管理系统，实现了时频谱中未知数量的频谱成分的跟踪。

1.4.5.2 算法特点

H-PMHT 算法是一种在数据关联和状态估计之间交替的迭代算法。基于 H-PMHT 的 TBD 算法保留了 H-PMHT 算法的优点：以计算成本的一小部分为贝叶斯滤波器的数值实现提供可比的输出质量；能够处理机动目标动态；可自动动态确定场景中的目标数量等。但是，在低信噪比目标检测时，H-PMHT 算法性能使其在 TBD 应用仍不能令人满意。由于无法对波动的目标振幅进行建模，H-PMHT 算法可能会导致实际传感条件下的性能下降。因此，限制了 H-PMHT 算法在水下弱目标被动检测中的应用。

1.4.6 算法比较分析

现有的水下目标 TBD 算法可以分为递归 TBD 和批处理 TBD。其中，PF-TBD、RFS-TBD、H-PMHT-TBD 算法属于前者，DP-TBD 和 HT-TBD 算法属于后者。表 1-2 给出了不同 TBD 算法的原理、优缺点、适用范围及代表算法。

表 1-2　不同 TBD 算法性能对比

算法名称	原理	优势	局限性	代表算法
DP-TBD	批处理	线性目标分级处理，计算量较小，硬件易实现	低信噪比影响空间复杂度和实时性	CDA-TBD[56] MF-TBD[58]
HT-TBD	批处理	非相参积累，可靠，适应高斯及近似高斯目标	实时性随检测精度提高而变差	PS-HT-TBD[62] MT-HT-TBD[63]
PF-TBD	递归贝叶斯	完整匹配跟踪的思想，适用范围广且强	粒子数偏少，实时性较差，单目标	IPF-TBD[65] PHD-TBD[71]
RFS-TBD	递归贝叶斯	对量测直接处理，避免多目标复杂的数据关联，适用范围广且强	RFS 和 TBD 融合度要求高，算法的复杂度较高	SMC-PHD-TBD[50] MM-PHD-TBD[72]
H-PMHT	递归贝叶斯	期望最大化数据关联，适应线性高斯多目标	有待加强低信噪比适用性	P-H-PMHT-RM[79]

递归型方法完全采用跟踪思想，更适用于跟踪领域。在建立目标运动模型和观测模型后，直接进行实时递推跟踪，并对目标状态和目标数进行估计，且不需要处理和存储多帧历史数据，具有较强的适应能力。但在非高斯非线性应用中，这类方法采用贝叶斯递归理论往往难以达到最佳或渐进最佳效果。此外，随着算法跟踪性能的改善，往往以增加算法复杂度为代价。

相比于递归型方法，在批处理型方法中，跟踪思想并没有被完全实现，因此，这类方法更适用于实现弱目标的检测。通过在多个连续帧上整合目标回波能量，批处理型方法可以获得更高的信噪比，改善了低可探测性目标的检测性能。

综上分析可知，在水下目标检测领域，HT-TBD 算法具有较好的适用性、易操作性、可扩展性、实践性以及可靠性。

此外，上述检测算法大多针对某一具体场景展开研究，算法的适用性仍需进一步扩展。在水下目标数量、类型、运动状态未知的情况下，自适应检测算法的有效性和可靠性显得尤为重要。

1.5 本书主要内容及架构

图 1-9 给出了本书结构框架图。本书共分 7 章，主要结构及内容如下。

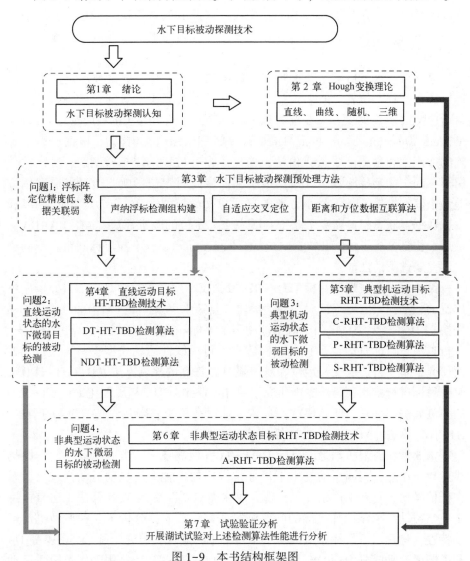

图 1-9　本书结构框架图

第1章：绪论。从水下被动探测的认知、被动探测水声信号、被动探测的器材、被动探测技术等方面阐述了水下被动探测重要意义及国内外研究现状。基于 TBD 技术和 Hough 变换理论在传统领域和新兴领域中的广泛应用，为解决被动探测水下目标提供了新的思路和方法。

第2章：Hough 变换理论。介绍了 Hough 变换理论在图像检测领域中的应用。首先，介绍了直线 Hough 变换、圆 Hough 变换、椭圆 Hough 变换、抛物线 Hough 变换 4 种经典 Hough 变换算法。其次，为了改善经典 Hough 变换算法的时效性，介绍了随机 Hough 变换算法及其改进算法。最后，介绍了三维空间 Hough 变换算法，作为后续基于三维空间的水下目标被动探测研究的展望基础。

第3章：水下目标被动探测预处理方法。为了解决航空被动定向声纳浮标无法直接获取位置信息、定位误差大、数据关联率差等问题，研究了基于自适应交叉定位的距离-方位数据互联方法（Adaptive Cross Location–Range Azimuth–Data Interconnection Algorithm，AC-RA-DA）。首先，根据声纳浮标阵的适用性和量测能量最大值法，构建了自适应声纳浮标检测组；其次，介绍了不同交叉定位原理，分析了声纳测向误差对定位影响，通过求取定位方差最小值，推导了基于最小方差的自适应交叉定位算法；再次，利用距离和方位数据互联思想，研究了基于自适应交叉定位的改进算法（AC-RA-DA）。最后，仿真分析了 AC-RA-DA 方法在不同浮标阵型、不同浮标间距、不同测向误差条件下的性能。

第4章：直线运动目标 HT-TBD 检测技术。直线运动是水下目标采用最广泛的运动样式之一。针对在低信噪比、复杂水声条件下，现有直线类 Hough 变换 TBD 算法无法直接用于航空被动声纳浮标阵检测的问题进行研究。首先，分析了水下目标直线运动特性，构建水下目标线性运动模型集；其次，一方面研究了基于自适应交叉定位和双门限 HT-TBD 的检测算法（DT-HT-TBD），对单目标进行检测；另一方面研究了基于 AC-RA-DA 和规范化 DT-HT-TBD 的检测算法（NDT-HT-TBD），对多目标进行检测；最后，仿真分析了 DT-HT-TBD 算法、NDT-HT-TBD 算法的检测性能。

第5章：典型机动运动目标 RHT-TBD 检测技术。类圆弧运动、类抛物线运动、小舵角旋回运动是水下目标常采用的 3 种典型机动运动样式。针对在低信噪比、复杂水声条件下，现有曲线类 Hough 变换 TBD 算法无法直接用于航空被动声纳浮标阵检测的问题进行研究。首先，分析了 3 种典型机动运动特性，构建水下目标典型机动运动模型集；其次，研究了基于 AC-RA-DA 和类圆弧运动随机 HT-TBD 的检测算法（C-RHT-TBD），用于作类圆弧运动的水下目标被动检测；研究了基于 AC-RA-DA 和类抛物线运动的随机 HT-TBD 的检测算法（P-RHT-TBD），用于作类抛物线运动的水下目标被动检测；研究了基于 AC-RA-DA 和小舵角旋回运动随机 HT-TBD 的检测算法（S-RHT-TBD），用于作小舵角旋回运动的水下目标被动检测；最后，仿真分析了 C-RHT-TBD 算法、P-RHT-TBD 算法、S-RHT-TBD 算法的检测性能。

第 6 章：非典型运动目标 RHT-TBD 检测技术。针对在低信噪比、复杂水声条件下，上述改进 Hough 变换 TBD 算法基于单个运动模型，而没有考虑随机模型自适应的问题进行研究。解决了在低信噪比、复杂水声条件下，上述改进 Hough 变换 TBD 算法对随机模型的自适应问题。首先，推导了水下运动模型匹配技术；其次，融合自动匹配技术、直线类检测算法和典型机动类检测算法，研究了基于 AC-RA-DA 和自适应 RHT-TBD 检测算法（A-RHT-TBD）；最后，仿真分析了 A-RHT-TBD 算法的检测性能。

第 7 章：试验验证分析。为了进一步验证各类检测方法的有效性，开展湖试试验，验证以 A-RHT-TBD 方法为代表的各类检测方法的检测性能。主要内容包括湖试试验方案及数据仿真验证。

第 2 章
Hough 变换理论

2.1 引言

Paul Hough 于 1962 年首次提出了 Hough 变换（Hough Transform，HT）算法并申请了专利[48]。HT 算法一经提出便很快用于检测图像空间中的直线。最早的直线 HT 是在两个笛卡儿坐标系之间进行变换，但不适用于斜率为无穷大的直线检测。Duda[80]通过改变文献［48］中的 HT 方程，将数据空间中的点变换为 ρ-θ 参数空间的曲线，扩展了其探测直线的适用性。为了能检测到图像空间中的曲线，Sklansky[81]将 HT 方程进一步改进，提出了用广义 HT 检测图像空间中的曲线。根据不同的变换方程，HT 可以检测图像空间中具有解析表达式的确定曲线，如圆、椭圆、抛物线、双曲线等。此外，改进后的 HT 还可以检测图像空间中不能由解析式表达的任意曲线[82]。上述经典 HT 的计算量比较大而在实际应用中难以实现。针对这一问题，国内外众多研究人员致力于 HT 算法的研究。例如，将随机过程、模糊理论、分层迭代、级联的思想等引入 HT 过程，提高了 HT 的时效性。此外，将二维空间的 HT 扩展到三维空间，进一步拓展了 HT 的适用性。本章主要对经典 HT 算法、随机 HT 算法和三维 HT 算法展开详细介绍。

HT 最初只用于图像空间中检测和识别图形边界，但随着科学技术的发展，HT 在军事和民用领域得到了广泛的研究和应用。Carlson 等将 HT 应用到雷达检测直线运动或近似直线运动的目标[83-84]。Ji Chen 等将 HT 应用于航迹起始[85-86]。近年来，HT 在水下低可观测信号检测和跟踪领域中的研究与应用受到了重点关注[56-59]。本书将在第 3~7 章对 HT 在水下目标被动检测方面的应用加以详细介绍。

2.2 典型直线 HT 算法

最经典的 HT 最早用于检测图像中的直线。在图像空间中，同一条直线上的点集$\{(x,y)\}$可以用一个从参数空间到图像空间的映射f来表述[87]：

$$f((\hat{m},\hat{c}),(x,y)) = y - \hat{m}x - \hat{c} = 0 \tag{2-1}$$

式中：m 表示该直线的斜率；c 表示截距；$f(\cdot)$ 表示从参数集$\{(\hat{m},\hat{c})\}$到点集$\{(x,y)\}$的映射，其中，用带有"∧"的符号表示图像空间中的量。可以看出，$f(\cdot)$是一个从参数空间到图像空间的一对多映射。因此，HT的基本思想就是寻找图像空间中的点和参数空间中的点的共同约束，并定义了一个从图像空间到参数空间的一对多映射$g(\cdot)$：

$$g((x,y),(\hat{m},\hat{c})) = \hat{y} - \hat{x}m - c = 0 \tag{2-2}$$

式中：在图像空间中的每一个点(x,y)都映射到参数空间中的一条直线上，如图2-1所示。图2-2给出了图像空间中直线上的点，式（2-2）映射到参数空间中的一簇直线。由图2-2可知，在图像空间中位于同一条直线上的点经过HT后，在参数空间中相交于同一点。即在图像空间中多点检测问题，转换为在参数空间中确定该点位置的局部检测问题。如果该点位置确定，就可获取图像空间中直线的参数。例如，图像空间中的两条直线经HT后，在参数空间中对应着两个峰值点。

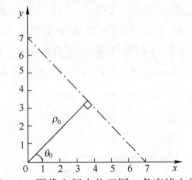

图2-1 图像空间中位于同一条直线上的点

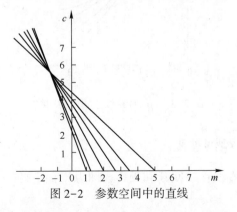

图2-2 参数空间中的直线

2.2.1 直线 HT 参数方程

在直角坐标系 oxy 中，直线方程 $x=a$ 的斜率为无穷大，因而，无法用直线方程 $y=mx+c$ 表示。为了正确识别和检测任意斜率的直线，Duda 和 Hart 提出了直线方程的一种新的表现形式，即 HT 方程为[88]

$$\rho = x\cos\theta + y\sin\theta, \quad \theta \in [0,\pi] \tag{2-3}$$

也可表示为

$$\begin{cases} \rho = \sqrt{x^2+y^2}\sin(\theta+\varphi) \\ \tan\varphi = \dfrac{x}{y} \end{cases} \tag{2-4}$$

由式（2-3）和式（2-4）均可看出，图像空间上的一个点 (x,y) 对应着参数空间的一条曲线 $\rho = x\cos\theta + y\sin\theta$。

在二维空间中，通常将 $(x-y)$ 平面称为图像平面，$(\rho-\theta)$ 平面称为参数平面。由图 2-1 可知，$(x-y)$ 平面中的一条直线可以通过从原点到该直线的距离 ρ_0 和 ρ_0 与 x 轴的夹角 θ_0 来定义。由式（2-3）可知，$(x-y)$ 平面上的一个点对应了 $(\rho-\theta)$ 平面上的一条正弦曲线。如果位于由参数 ρ_0 和 θ_0 决定的直线上的点集，则每个点对应了 $(\rho-\theta)$ 空间中的一条正弦曲线，所有这些曲线必交于点 (ρ_0,θ_0)。因此，在 $(x-y)$ 平面上的任意一条直线对应了 $(\rho-\theta)$ 平面上的一个点。采用式（2-4）将图 2-1 中直线上的几个点转换成参数空间的曲线，结果如图 2-3 所示。

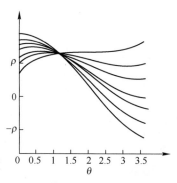

图 2-3 $(\rho-\theta)$ 参数空间中的曲线

2.2.2 直线 HT 检测过程

实际图像中的直线存在间断和噪声，图像平面上的一条直线映射到参数平面后将无法相交于一点，致使常用的提取方法难以检测。HT 属于一种积累机制，通过对参数空间中的量化点积累实现直线检测。因此，HT 采用积累机制可以有效改善或解决上述问题。具体方法是：将$(\rho\text{-}\theta)$平面离散分割成若干个小方格，通过检测直方图中的峰值来判断公共交点。其中，直方图中每个方格的中心点为

$$\theta_n = \left(n - \frac{1}{2}\right)\Delta\theta, \quad n = 1, 2, \cdots, N_\theta \qquad (2\text{-}5)$$

$$\rho_n = \left(n - \frac{1}{2}\right)\Delta\rho, \quad n = 1, 2, \cdots, N_\rho \qquad (2\text{-}6)$$

式中：$\Delta\theta = \pi/N_\theta$。其中，$N_\theta$为参数$\theta$的分割段数，$\Delta\rho = L/N_\rho$，$N_\rho$为参数$\rho$的分割段数，$L = \max(\sqrt{x^2 + y^2})$为图像空间中点距原点的距离的最大值。当图像平面中存在可连成直线的若干点时，这些点在$(\rho\text{-}\theta)$平面中将汇聚于相应的方格内，构成了参数空间中直方图，如图 2-4 所示。直方图中的峰值隐含着可能的直线点迹，但有些峰值不是由图像空间中的直线点迹产生的，而是由噪声产生的。

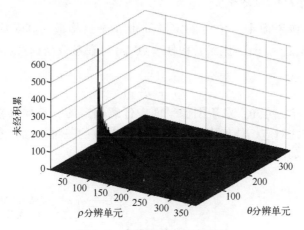

图 2-4 参数空间中的直方图

直线 HT 检测过程大致如下。

步骤1：在ρ、θ取值范围内选择合适离散分割段数，建立离散的参数空间。

步骤2：根据步骤 1 中的参数空间，构建累加矩阵 $A(\rho, \theta)$ 并对其中的元素置 0。

步骤3：对图像空间上待检测的每一点做 HT，计算该点在$(\rho\text{-}\theta)$空间上的对应曲线，并在累加矩阵对应的元素加 1。

步骤 4：找出图像空间共线点对应的参数空间累加矩阵上的局部最大值，该值隐含了图像空间上共线点的共线参数。

步骤 5：若积累超过某一门限值，则认为足够多的图像点位于该参数点所决定的直线。

2.3 典型曲线 HT 算法

曲线检测也是图像处理中一个重要研究内容和应用方向。在图像空间中，典型曲线主要包括圆弧、椭圆弧、抛物线弧以及直线和曲线的组合等。为了把 HT 应用于图像空间中的曲线检测，许多研究人员对直线 HT 进行了推广，圆 HT 就是最早提出的曲线 HT 检测算法之一。在圆 HT 中，将几何图形特征简化为圆，其基本参数是圆心和半径。

2.3.1 圆 HT 算法

2.3.1.1 圆 HT 参数方程

假设在图像平面中一个待确定圆周由 n 个点构成，其对应集合表示为 $\{(x_i, y_i) | i = 1, 2, \cdots, n\}$，则集合中任一点 (x, y) 在参数坐标系 (a, b, r) 中满足方程：

$$(a-x)^2 + (b-y)^2 = r^2 \tag{2-7}$$

由式（2-7）可知，对于图像平面中任意确定的一点均有参数空间的一个三维锥面与之对应。待确定圆周上的点所对应的三维锥面在参数空间中构成了锥面簇，如图 2-5 所示。

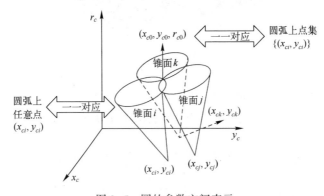

图 2-5 圆的参数空间表示

如果集合中的点位于同一个圆周上，则这些圆锥簇相交于参数空间上某一点(a_0,b_0,c_0)，这点恰好对应于图像平面的圆心坐标及圆的半径。

在离散图像中，式（2-7）可表示为

$$|(a_0-x_i)^2+(b_0-y_i)^2-r^2|\leq \xi \qquad (2-8)$$

式中：ξ是对待处理图像进行数字化和量化的补偿。

2.3.1.2 圆 HT 检测过程

与直线 HT 变换相类似，标准圆 HT 变换采用三维累加矩阵 $A(a,b,r)$。具体检测过程如下。

步骤1：在 a、b、r 取值范围内选择合适离散分割段数，建立离散的参数空间。

步骤2：根据步骤1中的参数空间，构建三维累加矩阵 $A(a,b,r)$，并对其中的元素置0。

步骤3：对图像空间上待检测的每一点做 HT，计算该点在 $(a-b-r)$ 空间上的对应曲线，并在累加矩阵对应的元素加1。

步骤4：找出图像空间圆周点对应的参数空间累加矩阵上的局部最大值，该值隐含了图像空间上共圆周点的圆心以及半径参数。

步骤5：若积累超过某一门限值，则认为足够多的图像点位于该参数点所决定的圆周。

HT 的实质是将图像空间的具有一定关系的点进行聚类，寻找能把这些点用某一解析形式联系起来的参数空间累积对应点。然而，随着参数空间维数增加，HT 的运算时间和所需存储空间均急剧增大，导致这种变换往往在理论分析上可行，但在实际应用中难以实现。针对上述问题，通常解决方法是需要进一步寻找图像特点来降低维数。例如，利用被检测图像点的灰度变化值确定灰度的变换方向来降低参数空间维数，或者利用被检测图像的其他先验信息来降低参数空间维数。

2.3.1.3 圆形目标的快速检测算法

标准圆 HT 算法具有检测精度高、抗干扰性强等优点，但圆上每个点到参数空间的变换为一对多的映射，计算量很大，不适用于快速实时检测场合。为了对圆形目标进行快速实时检测，人们对标准圆 HT 进行了大量深入研究，提出了多种 HT 改进算法[89-94]。其中，利用先验知识降低时空开销和利用图像梯度信息减少计算量是常用两种方法。

方法 1：利用先验知识降低时空开销[95]。

如果由先验知识可以确定圆的半径或能够缩小半径的变化范围，则可以有效地减少 HT 过程的时间和空间开销。假设圆的半径 r 的步进范围为 R，图像的高度和宽度分别为 m、n，每次 HT 运算耗时为 t，累积单元采用单字节，若对图像平面上的 N 个点进行 HT，则总耗时约为 $N \times R \times (R+1) \times t$，而用于累加矩阵的存储空间约为 $R \times m \times n$ 字节[94]。若已知圆的半径为 r_0，积累矩阵降为二维，则总耗时约为 $2 \times N \times r_0 \times t$，存储空间开销约为 $m \times n$ 字节。若已知 r 的范围约为 $r_1 \leq r \leq r_2$，则总耗时约为 $N \times (r_2^2 - r_1^2) \times t$，空间开销为 $(r_2 - r_1) \times m \times n$ 字节。

方法 2：利用图像梯度信息减少计算量[96]。

利用图像梯度信息减少计算量的实质是把圆检测的 HT 的累加矩阵从三维降低到二维，通常被默认为圆检测的标准 HT。先对原图像实施边缘提取，并同时求取像原的灰度变化梯度，按预先给定的梯度阈值对梯度图像二值化，对梯度大于某阈值的点记录其梯度的变化方向并将其置为最大灰度值，变化梯度小于阈值的点置 0。对经过每一非 0 点并沿其梯度方向在相应的二维累加矩阵各单元进行加 1 操作，对所有的非 0 点进行上述处理后，累加矩阵中积累值最大者为圆心。计算梯度时，需要确定边界的斜率，而边界的斜率通常用曲线在某一点的弦的斜率来代替，只有在弦长趋近 0 时才不存在误差。但是，在数字图像中任何曲线都是离散的，曲线在某点处的斜率是指在该点处的左向 K 步斜率或右向 K 步斜率，当弦长过小时，量化误差就会增大。因此，在实践应用中方法 2 的检测精度不高，仅对低噪声条件下完整圆形目标的检测效果较好。

2.3.2 椭圆 HT 算法

2.3.2.1 椭圆 HT 参数方程

如图 2-6 所示，在椭圆坐标系 OXY 中，椭圆的长轴与短轴分别与 X 轴、Y 轴平行，在图像空间坐标系 oxy 中，若待检测的椭圆的长轴与 x 轴夹角 $\theta = 0$，则可采用文献 [94] 中的方法进行椭圆检测，此时，椭圆 HT 参数方程如下：

$$\frac{(x-x_0)^2}{a^2} + \frac{(y-y_0)^2}{b^2} = 1 \tag{2-9}$$

式中：椭圆中心 O 的坐标为 (x_0, y_0)；长轴的长度为 a；短轴的长度为 b；图像边缘点坐标为 (x, y)。

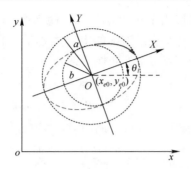

图 2-6 原始图像空间中的椭圆

令 $X = x - x_0$，$Y = y - y_0$，则

$$\frac{X^2}{a^2} + \frac{Y^2}{b^2} = 1 \quad (2\text{-}10)$$

对 X 求导，得

$$\frac{2X}{a^2} + \frac{2Y}{b^2}\frac{\partial X}{\partial Y} = 0 \quad (2\text{-}11)$$

令 $\partial X/\partial Y = \xi$，则由式（2-11）得

$$X^2 = \left(\frac{a^2}{b^2}\xi\right)^2 Y^2 \quad (2\text{-}12)$$

将式（2-12）代入式（2-10），可解得

$$\begin{cases} X = \pm \dfrac{a}{\sqrt{1+\dfrac{b^2}{a^2\xi^2}}} \\ Y = \pm \dfrac{b}{\sqrt{1+\dfrac{a^2\xi^2}{b^2}}} \end{cases} \quad (2\text{-}13)$$

因此，椭圆中心坐标可表示为

$$\begin{cases} x_0 = x \pm \dfrac{a}{\sqrt{1+\dfrac{b^2}{a^2\xi^2}}} \\ y_0 = y \pm \dfrac{b}{\sqrt{1+\dfrac{a^2\xi^2}{b^2}}} \end{cases} \quad (2\text{-}14)$$

当 $\theta \neq 0$ 时，$\xi = \tan(\varphi - \theta - \pi/2)$，其中，$\varphi$ 是边缘点 (x, y) 的梯度方向角。

由于式（2-14）只适用于 $\theta=0$ 的情况，而当 $\theta\neq 0$ 时，则需将坐标系 oxy 旋转 θ 角。但是当旋转角 θ 后，椭圆的表达式发生了根本性变化。此时，椭圆坐标系 OXY 与原始坐标系 oxy 的变换关系如下：

$$\begin{cases} X=(x-x_0)\cos\theta+(y-y_0)\sin\theta \\ Y=-(x-x_0)\sin\theta+(y-y_0)\cos\theta \end{cases} \quad (2-15)$$

将式（2-15）代入式（2-14），椭圆 HT 参数方程可表示为

$$\begin{cases} x_0 = x \pm \dfrac{a\cos\theta}{\sqrt{1+\dfrac{a^2\xi^2}{b^2}}} \pm \dfrac{b\sin\theta}{\sqrt{1+\dfrac{a^2\xi^2}{b^2}}} \\ y_0 = y \pm \dfrac{a\sin\theta}{\sqrt{1+\dfrac{a^2\xi^2}{b^2}}} \pm \dfrac{b\cos\theta}{\sqrt{1+\dfrac{a^2\xi^2}{b^2}}} \end{cases} \quad (2-16)$$

由式（2-16）可知，当 $\theta\neq 0$ 时，椭圆 HT 检测需要确定 5 个参数 $\{x_0,y_0,a,b,\theta\}$；当 $\theta=0$ 时，也需要确定 4 个参数 $\{x_0,y_0,a,b\}$。采用椭圆 HT 检测，令参数 $\{a,b,\theta\}$ 取一系列离散整数值，计算相应的椭圆中心值，再用 2 个五维累加数组统计。由于式（2-16）正负号的不同取法，对每一个待检测点，中心坐标需要分别计算 4 次，致使时空开销巨大。

2.3.2.2 椭圆 HT 检测过程

与标准圆 HT 检测相类似，标准椭圆 HT 检测采用五维累加矩阵。具体检测过程如下。

步骤 1：在 x_0、y_0、a、b、θ 取值范围内选择合适离散分割段数，建立离散的参数空间。

步骤 2：根据步骤 1 中的参数空间，构建五维累加矩阵 $A(x_0,y_0,a,b,\theta)$、$B(x_0,y_0,a,b,\theta)$，并对其中的元素置 0。

步骤 3：对图像空间上待检测的每一点做 HT，根据参数 $\{a,b,\theta\}$ 的离散整数值计算相应的椭圆中心值，再用 2 个五维累加矩阵进行统计。

步骤 4：找出图像空间椭圆点对应的参数空间累加矩阵上的局部最大值，该值隐含了图像空间上共椭圆点的参数。

步骤 5：若积累超过某一门限值，则认为足够多的图像点位于该参数点所决定的椭圆。

2.3.2.3 椭圆目标的快速检测算法

由于标准椭圆 HT 算法计算量很大，近年来，研究人员利用图像边缘的局

部取向信息来减少 HT 的计算量，可以提高检测速度。例如，基于随机 HT（Randomized HT，RHT）的三点椭圆检测法、对偶点检测法等。

三点椭圆检测法[94]是指利用随机采样的两点（包括它们的边缘方向）和搜索获得的一点来确定椭圆参数，这种方法不仅在确定参数时只需随机采样两点，还通过搜索到的点来决定是否对当前点进行参数计算和累积，有效地解决了无效采样和积累问题。因此，这种方法具有计算速度快、占用内存小及检测性能好等优点。

对偶点检测法[94]是指对于具有两条正交对称轴的平面图形，由于对称性在图形边界上至少存在着两个点，其外法线方向相反，称这两点互为对偶点。图形或图像边界的一对对偶点在图形或图像发生平移、缩放和旋转后，仍然互为对偶点，这是对偶点关于平移、缩放和旋转的不变性质。利用对偶点及其不变性，再借助图像区域边缘的梯度信息，就可以在图像检测中准确、快速、方便地求得图像区域的形心，可以利用这个确定的形心方便地进行椭圆检测。

根据椭圆梯度信息可得，两个互为对偶点的边缘点坐标为 $P(x,y)$ 和 $\overline{P}(\overline{x},\overline{y})$，则椭圆形心坐标可表示为

$$\begin{cases} x_0 = \dfrac{x+\overline{x}}{2} \\ y_0 = \dfrac{y+\overline{y}}{2} \end{cases} \tag{2-17}$$

采用两个一维累积数组分别进行统计，由峰值确定椭圆形心坐标值。如果椭圆边缘上有些点的对偶点不止一个时，可以用式（2-17）计算出多个形心，然后由形心累加器数组中的峰值来正确检出椭圆的形心。

对椭圆的长短轴半径进行确定，可以把椭圆看作是将半径为 a 的圆沿圆短轴方向压缩，压缩比系数为 $\mu=b/a$。由式（2-15）和式（2-16）可得

$$a = \sqrt{[(x-x_0)\cos\theta+(y-y_0)\sin\theta]^2 + \dfrac{[-(x-x_0)\sin\theta+(y-y_0)\cos\theta]^2}{\mu^2}} \tag{2-18}$$

其中

$$\theta \in \left[-\dfrac{\pi}{2}, \dfrac{\pi}{2}\right], \quad \mu \in [\mu_{\min}, 1]$$

通常取 $\mu_{\min}=0.3\sim0.5$，参数 θ、μ 的步长视检测精度而定，使用一个三维累加矩阵 $A(a,\theta,\mu)$ 进行统计，由峰值确定参数 a、θ、μ 和 $b(b=\mu a)$。

2.3.3 抛物线 HT 算法

2.3.3.1 抛物线 HT 参数方程

抛物线是所有到焦点的距离和到准线的距离相等的点的集合。最简单的抛物线形式是其准线为 x 轴或者 y 轴，则另外的一个轴为其对称轴。在实际的图像中，曲线可以是任意方向的。图 2-7 给出了任意方向的抛物线。

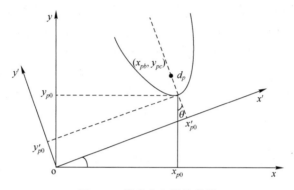

图 2-7 任意方向的抛物线

在图 2-7 中，坐标系 $ox'y'$ 是以坐标系的原点为圆心对坐标系 oxy 旋转角度 θ 而得到的。在坐标系 $ox'y'$ 中，抛物线的顶点是 (x_0', y_0')；在坐标系 oxy 中是 (x_0, y_0)。在坐标系 $ox'y'$ 中抛物线方程为

$$(y-y_0') = \frac{1}{2p}(x-x_0') \tag{2-19}$$

式中：p 表示抛物线的焦点参数。

如果直接对式（2-19）进行 HT，抛物线检测涉及顶点 (x_0, y_0)、方向角 θ 和焦点参数 p 共 4 个参数，因此，需要一个四维的参数积累矩阵 $\boldsymbol{A}(x_0, y_0, \theta, p)$，致使时空开销较大。

2.3.3.2 抛物线 HT 检测过程

与标准圆 HT 检测类似，标准抛物线 HT 检测采用四维累加矩阵 $\boldsymbol{A}(x_0, y_0, \theta, p)$。具体检测过程如下。

步骤 1：在 x_0、y_0、θ、p 取值范围内选择合适离散分割段数，建立离散的参数空间。

步骤 2：根据步骤 1 中的参数空间，构建四维累加矩阵 $\boldsymbol{A}(x_0, y_0, \theta, p)$，并

对其中的元素置0。

步骤3：对图像空间上待检测的每一点做HT，计算该点在$(x_0\text{-}y_0\text{-}\theta\text{-}p)$空间上的对应曲线，并在累加矩阵对应的元素加1。

步骤4：找出图像空间抛物线点对应的参数空间累加矩阵上的局部最大值，该值隐含了图像空间上共抛物线点的参数。

步骤5：若积累超过某一门限值，则认为足够多的图像点位于该参数点所决定的抛物线上。

2.3.3.3 抛物线检测的快速算法

由于标准抛物线HT检测涉及4个参数，计算量很大，近年来，研究人员通过矩阵变换和微分处理减少抛物线参数的数量，实现了检测速度提升。

逆时针旋转角度的标准二维几何变换矩阵为

$$\begin{bmatrix} x' \\ y' \end{bmatrix} = \begin{bmatrix} \cos\theta & \sin\theta \\ -\sin\theta & \cos\theta \end{bmatrix} \begin{bmatrix} x \\ y \end{bmatrix} \quad (2\text{-}20)$$

利用式（2-20）的变换关系替代式（2-19）中的x'、y'、x_0'、y_0'，则式（2-19）可以写为

$$\begin{aligned} & (-x\sin\theta + y\cos\theta) - (-x_0\sin\theta + y_0\cos\theta) \\ & = \frac{1}{2p} [(x\cos\theta + y\sin\theta) - (x_0\cos\theta + y_0\sin\theta)]^2 \end{aligned} \quad (2\text{-}21)$$

式（2-21）的微分为

$$\begin{aligned} & -\sin\theta + \frac{dy}{dx}\cos\theta \\ & = \frac{1}{p}[(x\cos\theta + y\sin\theta) - (x_0\cos\theta + y_0\sin\theta)]\left[\cos\theta + \frac{dy}{dx}\sin\theta\right] \end{aligned} \quad (2\text{-}22)$$

把式（2-22）代入式（2-21），得到抛物线顶点和方向的新关系：

$$y_0 = \frac{k(x\cos\theta + y\sin\theta) + (x\sin\theta - y\cos\theta)}{k\sin\theta - \cos\theta} - \frac{k\cos\theta + \sin\theta}{k\sin\theta - \cos\theta}x_0 \quad (2\text{-}23)$$

其中

$$k = \frac{-\sin\theta + \dfrac{dy}{dx}\cos\theta}{2\left(\cos\theta + \dfrac{dy}{dx}\sin\theta\right)} \quad (2\text{-}24)$$

综上可知，采用三维累加矩阵就可实现对任意方向抛物线的检测。参数x_0、y_0取一系列离散整数值，计算相应的θ值，再用一个三维累加矩阵统计。

参数 x_0、y_0 决定抛物线的顶点，θ 决定抛物线的方向。将确定后的 3 个参数 x_0、y_0、θ 代入式（2-21），即可确定 p 值大小。

与标准抛物线 HT 检测算法相比，这种方法采用一般的抛物线参数把累加器数组从四维降低到三维，在检测抛物线时提高了处理的速度，降低了存储器的需求。如果已知抛物线的方向，则累加器数组可以降低到二维并且检测精确性将会更好。此外，该方法也适用于非严格的抛物线检测。当抛物线的方向已知时，该方法具有良好的检测精度；当抛物线方向未知时，其检测误差可能是由于对边缘梯度方向估计的不精确性而引起的。

2.4　随机 HT 算法

标准 HT 算法的时空开销较大，在实际应用中，不仅要着眼于其时效性，还要考虑其检测精度。在大多数情况下，采用图像空间点集的一个有限子集来代替该点集，HT 后仍然可以得到较好的检测结果，即不需要对图像中的所有点进行 HT，就可以实现图像检测的可靠性要求。基于此，随机 HT（Randomized HT，RHT）算法被提出，其思想不同于标准 HT 的基本定义。

与标准 HT 相比较，RHT 有如下优点[94]。

（1）较高的参数分辨率。由于不需要预先定义参数空间，也不需要对参数空间进行离散化，理论上，RHT 分辨率可以无限的；实际上，随机 HT 只受阈值 δ 的影响，改变阈值 δ 的大小，就可以动态改变分辨率。由于随机 HT 保存的是参数数值，其参数精度只受所使用数据类型的限制。

（2）较低的时空开销。RHT 通过建立合理的随机取样规则，可以有效地提高运算速度，并且不需要预先分配存放参数的空间。

根据映射特点，RHT 可以分为基于多对一($m{\rightarrow}1$)映射的 RHT 算法和基于一对多($1{\rightarrow}m$)映射的概率 HT（Probabilistic HT，PHT）算法。基于($m{\rightarrow}1$)映射的 RHT 算法，避免了 PHT 中($1{\rightarrow}m$)算法庞大的计算量。根据检测图形类型，RHT 可以分为直线 RHT 算法、圆 RHT 算法、椭圆 RHT 算法、抛物线 RHT 算法等。本书所研究的 RHT 算法属于($m{\rightarrow}1$)算法。下面以圆 RHT 算法[97]为例展开介绍。

2.4.1　圆 RHT 算法

圆检测的核心是确定其圆心和半径。要确定圆心，首先要确定圆边缘。由于待检测的图像中存在噪声点，如何确定哪些点是圆上的、哪些点可以共同构成圆是检测的关键。在图像处理中，常用的方法是边缘检测，最简单的方法是几何法[94]。

在已知平面上三点共圆时可以唯一确定一个圆。根据几何法，选择同圆的任意3个目标点(x_1,y_1)、(x_2,y_2)、(x_3,y_3)，构造联立方程为

$$\begin{cases} r^2 = (a-x_1)^2+(b-y_1)^2 \\ r^2 = (a-x_2)^2+(b-y_2)^2 \\ r^2 = (a-x_2)^2+(b-y_2)^2 \end{cases} \quad (2-25)$$

由式（2-25）解出参数(a,b,r)，则圆的参数方程为

$$(x-a)^2+(x-b)^2 = r^2 \quad (2-26)$$

在图像空间中，该圆正好经过这3个特征点(x_1,y_1)、(x_2,y_2)、(x_3,y_3)。

圆RHT算法是一个迭代过程，其检测过程如下。

步骤1：将所有的图像特征点存进一个集合D中。

步骤2：每一步等概率地从D中取出一个特征点$d_1=(x_1,y_1)$，然后从$D-\{d_1\}$中以等概率方式取出另一个特征点$d_2=(x_2,y_2)$，满足$d_1 \neq d_2$。同理，从$D-\{d_1\}-\{d_2\}$中以等概率方式取出第三个特征点$d_3=(x_3,y_3)$，满足$d_1 \neq d_2 \neq d_3$，利用式（2-25）解出圆的参数。令$p_i=(a,b,r)$，p_i代表着经过特征点d_1、d_2、d_3的圆的参数。

步骤3：使用一个参数数组P来保存得到的参数p_i，如果发现已经有一个相同的p_i在P中，就将已有p_i的计数值加1；否则，增加一个新的元素保存p_i，并将初始计数值赋值为1。

步骤4：经过一定的步数，由于在P中代表真实圆的参数p_i的出现概率比虚假圆的参数高，其相应的计数值也就比较高。在P中找出代表真实圆的参数p_i会出现的次数大于一定阈值的参数，则认为这些参数为真实圆的参数。

2.4.2 圆RHT算法改进

在实际应用中，圆RHT算法还有很多改进之处[94]。

（1）集合P中的元素可以按照(a,b,r)的值进行排序，这将减少P中的搜索相同元素所花的时间。

（2）给定一个阈值δ，如果两个参数p_i之间的欧氏距离$<\delta$，则认为这两个参数代表着同一个圆。通过求两参数的平均值得到一个新的参数p_i，用这个参数代替原来的参数，并将该参数的计数值加1。

（3）如果一旦发现一个p_i，其累加值大于阈值，即表示找到了一个真实圆，就可以立刻从图像空间特征点集合D中清除由属于p_i的特征点，然后清

除参数集合 P，重新进行检测过程。由于删除了大量的特征点，检测过程运算量将大大降低，总体上既提高了变换速度，又提高了变换质量。

此外，椭圆等图形的 RHT 检测过程与圆 RHT 算法类似，只是联立方程不同。直线 RHT 算法更简单：首先，随机选取图像空间中的一对数据点，这两点确定唯一一条直线，将这条直线进行 RHT，在参数空间中得到一个确定的点；其次，重新随机选取一对数据点，重复上述过程；最后，将参数空间中的点进行积累，在积累判决中胜出的那条直线就是待检测的直线。

2.5 三维空间 HT 算法

下面以三维空间中估计三维物体位置参数的两种经典方法为例展开介绍。方法一为直接法。顾嗣扬等[98]给出了直接进行三维 HT 类检测深度图像中平面特征及估计三维物体位置参数的算法。直接法利用三维 Hough 参数空间中位移和旋转相分离的特征，多层次地估计物体的位置参数，直接从输入的深度信息图像获得几何特征，具有较好的鲁棒性。方法二为投影法。J. Kittler[99]给出了在两个平面上投影分别进行 HT 后再进行关联的投影算法。投影法通过简化计算量，具有较好的时效性。

2.5.1 直接变换法

图 2-8 给出了将 HT 算法扩展到三维空间示意图。

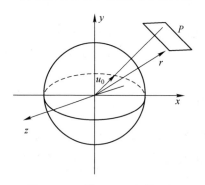

图 2-8 三维 Hough 参数空间

定义三维 HT 过程为

$$P = r \cdot u_n \quad (2\text{-}27)$$

式中：u_n、P 都是三维 HT 的参变量。其中，u_n 为单位方向矢量，满足 $u_n = \alpha_n i + \beta_n j + \gamma_n k$；$P$ 为相对参考点的距离；r 为位置矢量，满足 $r = xi + yj + zk$。

每点 r 影射到参数空间 (n,P) 中所有点满足 $P=r\cdot u_n$,若深度信息图像 $I(x,y)=z$ 中包含平面,则平面方程表示为

$$z=f(x,y)=\alpha x+\beta y+\gamma \qquad (2\text{-}28)$$

对这个点作面映射,即每个图像点 (x,y,z) 映射为一个平面。属于同一平面的深度值,被映射为 n 个平面相交于一点。为了获得一对一映射,采用领域最小平方拟合方法来确定 α_1、β_1、γ_1,其中平面的参数为

$$\varepsilon = \sum_N (\alpha_1 x + \beta_1 y + \gamma_1 - f(x,y))^2 \qquad (2\text{-}29)$$

为了表述方便,定义距离 r,两个角度 θ、φ 的球坐标系。将上述 (n,P) 参数空间转化为 r、θ、φ 参数空间,如图 2-9 所示,其中

$$\theta = \arccos\left(\frac{\alpha}{\sqrt{\alpha^2+\beta^2}}\right) \qquad (2\text{-}30)$$

$$\varphi = \arctan(\sqrt{\alpha^2+\beta^2}) \qquad (2\text{-}31)$$

$$r = \frac{\gamma}{\sqrt{\alpha^2+\beta^2+1}} \qquad (2\text{-}32)$$

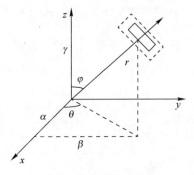

图 2-9 三维参数空间

选用 9×9×9 数组作为 Hough 参数空间,对深度信息图像的每个像素进行三维 HT,在 Hough 参数空间中形成的峰值对应深度图像中存在的平面,通过自适应原理[99]提高参数轴分辨率的办法,对峰值区域重点分析,以提高三维 HT 的计算速度。

假设物体关于 OA 轴旋转,r 表示在参考位置物体表面上一点位置矢量,r' 为同一旋转之后位置矢量,如图 2-10 所示。

这两点位置矢量为

$$r' = Ar \qquad (2\text{-}33)$$

式中:A 为旋转变换矩阵。若存在 N 个参考矢量集合,则有 $Au_n = u_m (1 \leq m < N)$。

变换矩阵 A 将参考矢量 u_n 映射到另一个参考矢量 u_m 为

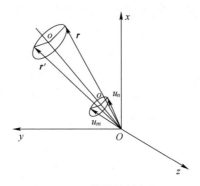

图 2-10　物体旋转矢量

$$r'u_m = Ar \cdot Au_n = (Ar)^T \cdot (Au_n) = r^T A^T A u_n = ru_n \tag{2-34}$$

若 $A^T = I$，则 $P = r'u_m = ru_n$。式（2-34）表示在 Hough 空间中特征点 (n,P) 移至 (m,P)，即 $H = (m,P) = H(n,P)$。

假设物体位移至新位置，这个新的位置矢量用 r' 表示，新的 Hough 特征空间可用 $H_t(n,P)$ 表示。新的位置为 $r' = r + t$，$P = r'u_n = (r+t)u_n = ru_n + tu_n$，如图 2-11 所示。

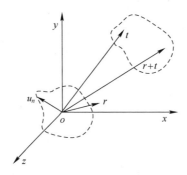

图 2-11　位移矢量

因此，Hough 特征空间 H_t 与参考位置的 Hough 特征空间 $H(n,P)$ 的关系为

$$H(n,P) = \begin{cases} H_t(n, P+tu_n), & P+tu_n \geq 0 \\ H_t(k, -P-tu_n), & P+tu_n < 0 \end{cases} \tag{2-35}$$

由上述分析可知，物体位移只体现在 P 轴方向移动，而物体旋转体现在轴的移动。因此，利用物体旋转和位移可分离的特性分层次来确定物体的位置参数。

位置参数的估计算法如下：首先，对深度信息图作三维 Hough 变换

$H'(n,P)$，对 $H'(n,P)$ 沿 P 轴作投影 $H'(n)$，参考位置的 $H(n)$ 旋转变换结果为 $G(n)$，$G(n)$ 与 $H'(n)$ 最佳匹配，用此估计物体的旋转角度；然后，对参考位置的 $H(n,P)$ 作旋转变换 $H''(n,P)$，从 $H'(n,P)$ 与 $H''(n,P)$ 找出 3 个相关联估计 (x,y,z)。

2.5.2 投影变换法

针对在三维空间中直接进行 HT 计算量比较大的问题，对投影变换分别进行计算是一种有效的方法。首先，将三维空间中的点迹投影到 3 个平面中的任两个平面上；其次，使用 HT 分别排除投影到两个平面上的杂波点；最后，将两个平面上分别检测到的图形边界进行比较和关联，进而得到三维空间中的图形边界。

对于检测三维空间中的直线轨迹而言，由于标准 HT 只能检测平面中直线运动的轨迹，因此，可以将三维空间中的点投影到三个投影平面上去。但是在实际工程中，考虑物体运动规律、三维传感器的性能指标以及时效性的需求，可以有选择地选取两个投影面。

下面以选择 y-z 平面和 x-z 平面为投影面为例展开介绍。首先，利用标准 HT 完成 y-z 平面内的直线检测，具体步骤详见 2.2.2 节。利用同样的方法可以完成 x-z 平面内的直线检测。其次，在 x-z 和 y-z 平面上的直线轨迹建立完成后，将 x-z 平面和 y-z 平面上分别检测到的直线进行比较和关联，如果在 x-z 平面和 y-z 平面上分别得到的直线均是由三维空间中相同的点分别投影到 x-z 平面和 y-z 平面的点组成，那么，就可以确定三维空间中的一条直线。最后，通过关联可以剔除直线的模糊性，更好地检测直线。

在实践应用中，还需要综合衡量 HT 的以下特点[94]。

（1）具有并行处理结构。图像空间中的每一个点都被独立处理，因此，一些算法的实现可以借助超大规模集成电路。

（2）具有较高检测精度。能够识别局部以及轻微变形的图形，提取的特征不受待识别的图形大小及其在图像中的位置的影响，尤其对附加随机噪声具有很好的鲁棒性。

（3）适用于多目标检测。可以同时对一个特定图形的几个样本进行累加，实现检测图形中的所有特征，而并行处理结构很好地支撑该过程的实现。

（4）标准 HT 的时空开销很大。为了得到图形最可能的位置参数或降低参数个数，还需要一些先验参数支撑。

第 3 章
水下目标被动探测预处理方法

随着声隐身技术的发展，水下静音型潜航器给声纳被动探测带来严峻的挑战。在低信噪比条件下，基于被动声纳的现有检测方法对水下弱目标检测变得愈发困难。近年来，HT-TBD 在水下低可探测性目标检测中得到了关注及应用[62-64]。文献［100］将 HT-TBD 算法直接用于主动声纳水下目标检测，表明了 HT-TBD 算法对水下目标检测的适用性。由于单枚被动声纳无法直接获取位置等信息，HT-TBD 算法无法直接应用于被动检测。为了获取量测点的位置信息，即检测预处理数据，借助多枚被动浮标的优势，采用交叉定位技术[101]获取量测位置信息。在检测预处理过程中，声纳测向误差、交叉定位方法、浮标阵型直接影响定位精度，而目标数目、航迹分布情况、环境噪声又会使得交叉定位后的量测数据变得更加复杂和不确定，从而影响后续检测算法的可靠性。

针对上述问题，本章对被动声纳浮标测向误差、交叉定位方法、浮标检测组对定位精度的影响展开研究，分析基于最小方差的自适应交叉定位算法。在此基础上，为了改善因"鬼点"、多目标航迹过近情况的影响，提出一种基于自适应交叉定位的距离-方位数据互联的改进算法（Adaptive Cross Location-Range Azimuth-Data Interconnection Algorithm，AC-RA-DA）。AC-RA-DA 算法的研究内容如图 3-1 所示。

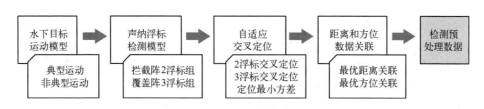

图 3-1　AC-RA-DA 算法研究内容

3.1 声纳浮标检测组构建

航空被动定向声纳浮标采用矢量水听器接收水声信号，具有定向的功能。航空被动声纳浮标阵是通过测向结果、浮标位置等几何要素交叉关系实现定位，因此，在研究 HT-TBD 检测水下目标的过程中，声纳浮标的测角误差是影响被动检测的主要因素，而交叉定位方法和浮标阵型选取也是影响被动检测的重要因素。

针对不同的航空探测需求，选择合适的声纳浮标阵型，可以有效地提高其定位精度。例如，对未知海区进行航空探测时，通常采用覆盖阵；对于已知目标先验信息进行拦截探测时，通常采用拦截阵。在线形拦截阵中，通常采用两枚浮标快速构建浮标检测组对目标进行交叉定位处理；在检查覆盖阵中，既可以构建 2 枚浮标检测组，也可以采用 3 枚浮标构建检测组。最简单的声纳浮标拦截阵和覆盖阵布设分别如图 3-2（a）、(b) 所示。

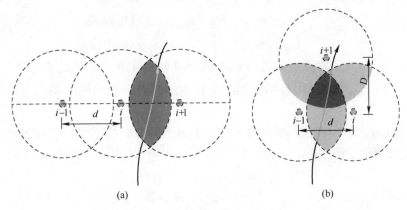

图 3-2 声纳浮标阵型示意图
(a) 拦截阵；(b) 覆盖阵。

3.1.1 两浮标检测组

两浮标检测组主要适用于声纳浮标拦截阵检测。不失一般性，以单线浮标拦截阵为例进行分析。假设被动声纳浮标覆盖阵中任一枚声纳性能相同、数据同步，浮标拦截阵由共线的 N 枚等距离间隔的定向声纳浮标组成。在直角坐标系 xoy 中，声纳浮标位置坐标为 $(x_{si}, y_{si})(i=1,2,\cdots,N)$，相邻两枚浮标间距为 d。

在 K 个量测时刻内，第 i 枚声纳浮标接收数据集合为

$$Z_i = \{z_{ki} | k=1,2,\cdots,K\} \tag{3-1}$$

式中：z_{ki} 为在第 k 个量测时刻第 i 枚被动声纳浮标接收数据集合，可表示为

$$z_{ki} = \{(\theta_{k(i)j}^m, a_{k(i)j}^m) | j=1,2,\cdots,n_j; m=1,2,\cdots,n_m\} \tag{3-2}$$

式中：$\theta_{k(i)j}^m$ 为第 k 个量测时刻第 i 枚声纳浮标接收数据集中第 j 个测量的方位角；$a_{k(i)j}^m$ 为第 k 个量测时刻第 i 枚声纳浮标接收数据集中第 j 个测量的能量信息；m 为在第 k 个量测时刻第 i 枚被动声纳浮标接收数据集合中目标的个数，其中，n_j 个量测点中含有目标个数为 n_m。

考虑单枚被动声纳浮标探测范围是有限的，针对水下目标低速运动特点，采用自适应关联方法，自动切换至检测效果最佳的被动声纳浮标，实现检测连续性和鲁棒性。即在被动声纳浮标阵的作用范围内，通过检测各浮标获取的信号强度，根据信号强度最大值来确定用于检测的 2 枚被动声纳浮标。

根据第 k 个量测时刻 N 枚被动声纳浮标接收方位角 $\theta_{k(i)j}(i=1,2,\cdots,N)$，表征其能量信息 $a_{k(i)j}$ 为

$$a_{k(i)j} = \begin{cases} s_{k(i)}(\theta_{k(i)j}) + \delta_{k(i)}(\theta_{k(i)j}), & 目标存在 \\ \delta_{k(i)}(\theta_{k(i)j}), & 目标不存在 \end{cases} \tag{3-3}$$

式中：$\delta_{k(i)}(\theta_{k(i)j})$ 为高斯白噪声且各量测时刻相互独立，满足 $\delta_{k(i)}(\theta_{k(i)j}) \sim N(0,\sigma_{\theta_i}^2)$；$s_{k(i)}(\theta_{k(i)j})$ 为目标在第 k 个量测时刻对方位角 $\theta_{k(i)j}$ 的信号强度贡献值。

采用最大值法，根据下式得到能量值最大时对应的浮标 i^*，将其作为第 1 枚检测浮标，即

$$b_{k(i^*)j} = \max\{a_{k(i)j} | i=1,2,\cdots,N\} \tag{3-4}$$

选择 $b_{k(i^*-1)j}$ 和 $b_{k(i^*+1)j}$ 较大者作为第 2 枚检测浮标，完成了两浮标检测组的构建。之后对水下量测点进行交叉定位，得到其在直角坐标系中的位置坐标。

3.1.2 三浮标检测组

三浮标检测组主要适用于声纳浮标覆盖阵检测。不失一般性，以声纳浮标面阵为例进行分析。假设被动声纳浮标覆盖阵中任一枚声纳性能相同、数据同步。假设声纳浮标覆盖阵由 N 行 M 列被动声纳浮标组成，其中，相邻行间距、相邻列间距分别为 D、d。在直角坐标系 xoy 中，声纳浮标的位置坐标、k 时刻第 $i(i=1,2,\cdots,N \times M)$ 枚声纳浮标量测数据集合以及 $N \times M$ 枚声纳浮标接收能量值集合表示参见 3.1.1 节。

根据式（3-4）得到能量值最大时对应的浮标 i^*，将其作为第 1 枚检测浮标。

根据下式，进一步搜寻相邻声纳浮标中次最大能量值的两枚浮标 i^*_{-1} 和 i^*_{+1}，得到关联交叉定位浮标组 $(i^*_{-1}, i^*, i^*_{+1})$，即

$$a_{i^*} = \begin{cases} \sum_{k=1}^{K} a_{i'k} | i' \in [1, N_s], & \sum_{k=1}^{K} N(i', k) > \dfrac{N_s}{2} \\ \max\left\{ \sum_{k=1}^{K} a_{i'k} | i' \in [1, N_s] \right\}, & \text{其他} \end{cases} \quad (3-5)$$

式中：判决门限为 $N_s/2$，$N_s = N \times M$ 为声纳覆盖阵中的浮标总数。

在被动声纳浮标有效探测范围内，如果无法搜寻到 3 枚有效浮标，可采用 2 枚浮标构建交叉定位检测组。3 枚浮标检测组获取目标信息多于 2 枚浮标检测组，其性能通常优于后者。

3.2 基于最小方差的自适应交叉定位算法

3.2.1 两浮标交叉定位原理

不失一般性，在图 3-2（a）所示拦截阵中，任取相邻 2 枚被动浮标声纳的量测数据展开研究。图 3-3 给出了相邻 2 枚被动声纳浮标交叉定位原理图。如图 3-3 所示，在直角坐标系中，第 i 枚被动声纳浮标在 k 时刻接收第 j 个量测点的位置坐标 $(x_{k(i)j}, y_{k(i)j})$ 为

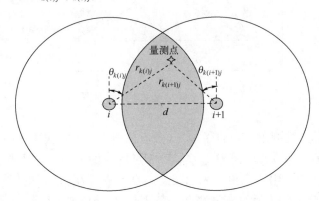

图 3-3　两浮标交叉定位原理图

$$\begin{cases} x_{k(i)j} = \dfrac{d\cos\theta_{k(i+1)j}\sin\theta_{k(i)j}}{\sin(\theta_{k(i)j}-\theta_{k(i+1)j})}+x_{si} \\ y_{k(i)j} = \dfrac{d\cos\theta_{k(i+1)j}\cos\theta_{k(i)j}}{\sin(\theta_{k(i)j}-\theta_{k(i+1)j})}+y_{si} \end{cases} \quad (3-6)$$

式中：(x_{si},y_{si}) 为第 i 枚被动声纳浮标位置坐标。

因此，用于 HT 检测的目标量测数据表示为 $(x_{k(i)j},y_{k(i)j},a_{k(i)j})$。

由图 3-3 还可以看出，经过交叉定位处理后，可以消除大部分噪声的影响，虚假目标信号仅留存于相邻被动声纳浮标探测的重合区域。

3.2.2 三浮标交叉定位原理

以三浮标检测组为例来说明交叉定位原理[102]。在笛卡儿坐标系 xoy 中，假设 3 枚浮标布设位置坐标满足等腰三角形，k 时刻 s_a、s_b、s_c 3 枚浮标对同一量测点的方位角分别为 θ_{ak}、θ_{bk}、θ_{ck}（以正北方向为基准），对应的方位线分别为 l_{ak}、l_{bk}、l_{ck}。图 3-4 展示了三浮标交叉定位示意图。

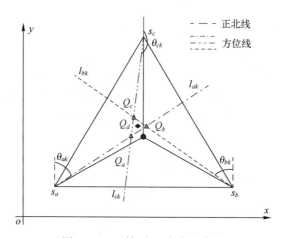

图 3-4　三浮标交叉定位示意图

考虑浮标声纳测角误差的存在，3 条方位线交点不再集中于一点，而是分别交于 Q_a、Q_b、Q_c 3 点，将 Q_a、Q_b、Q_c 3 点构成的三角区域中心点位置记为 Q_d。在图 3-4 中，用"三角"表示交叉点 Q_a、Q_b、Q_c，用"菱形"表示中心点 Q_d，用"圆形"表示真实量测点。交叉点 Q_a 的位置坐标 (x_{ak},y_{ak}) 为

$$\begin{cases} x_{ak} = \dfrac{d\cos\theta_{ck}\sin\theta_{ak}}{\sin(\theta_{ak}-\theta_{ck})} + x_{sa} \\ y_{ak} = \dfrac{d\cos\theta_{ck}\cos\theta_{ak}}{\sin(\theta_{ak}-\theta_{ck})} + y_{sa} \end{cases} \qquad (3\text{-}7)$$

交叉点 Q_b 的位置坐标 (x_{bk}, y_{bk}) 为

$$\begin{cases} x_{bk} = \dfrac{d\cos\theta_{ak}\sin\theta_{bk}}{\sin(\theta_{bk}-\theta_{ak})} + x_{sb} \\ y_{bk} = \dfrac{d\cos\theta_{ak}\cos\theta_{bk}}{\sin(\theta_{bk}-\theta_{ak})} + y_{sb} \end{cases} \qquad (3\text{-}8)$$

交叉点 Q_c 的位置坐标 (x_{ck}, y_{ck}) 为

$$\begin{cases} x_{ck} = \dfrac{d\cos\theta_{bk}\sin\theta_{ck}}{\sin(\theta_{ck}-\theta_{bk})} + x_{sc} \\ y_{ck} = \dfrac{d\cos\theta_{bk}\sin\theta_{ck}}{\sin(\theta_{ck}-\theta_{bk})} + y_{sc} \end{cases} \qquad (3\text{-}9)$$

式中：声纳浮标间坐标满足 $x_{sc} = \dfrac{x_{sa}+x_{sb}}{2}$，$y_{sc} = y_{sa} + D$，$y_{sb} = y_{sa}$，$x_{sb} = x_{sa} + d$。

中心点 Q_d 的位置坐标 (x_{dk}, y_{dk}) 为

$$\begin{cases} x_{dk} = \dfrac{x_{ak}+x_{bk}+x_{ck}}{3} \\ y_{ck} = \dfrac{y_{ak}+y_{bk}+y_{ck}}{3} \end{cases} \qquad (3\text{-}10)$$

中心点 Q_d 与交叉点 Q_a 的夹角 θ_{ad} 为

$$\theta_{ad} = a\tan\left(\dfrac{x_{dk}-x_{ak}}{y_{dk}-y_{ak}}\right) \qquad (3\text{-}11)$$

同理可得中心点 Q_d 与交叉点 Q_b 的夹角 θ_{bd}、中心点 Q_d 与交叉点 Q_c 的夹角 θ_{cd}。

3.2.3 测向误差对交叉定位的影响

假设在飞机布放声纳的位置误差范围内，采用三浮标检测组，3枚浮标坐标位置近似满足等腰三角，如图3-4所示。根据三角函数和几何关系可知，浮标 s_a 与交叉点 Q_a 的距离为

$$r_{ac}=|s_aQ_a|=\frac{\sqrt{d^2+4D^2}\cos\theta_c}{4\sin(\theta_a-\theta_c)} \tag{3-12}$$

将 r_{ac} 按泰勒级数展开并取一阶偏导[103]，可得 r_{ac} 误差方差的近似表达式为

$$\sigma_{ac}^2=\left(\frac{\partial r_{ac}}{\partial \theta_a}\right)^2\sigma_{\theta_a}^2+\left(\frac{\partial r_{ac}}{\partial \theta_c}\right)^2\sigma_{\theta_c}^2 \tag{3-13}$$

同理，浮标 s_a 与交叉点 Q_b 的距离 r_{ab} 及其对应距离误差方差 σ_{ab}^2 分别为

$$r_{ab}=|s_aQ_b|=\frac{d\cos\theta_b}{\sin(\theta_a-\theta_b)} \tag{3-14}$$

$$\sigma_{ab}^2=\left(\frac{\partial r_{ab}}{\partial \theta_a}\right)^2\sigma_{\theta_a}^2+\left(\frac{\partial r_{ab}}{\partial \theta_b}\right)^2\sigma_{\theta_b}^2 \tag{3-15}$$

同理，浮标 s_a 与交叉点 Q_d 的距离 r_{ad} 及其对应距离误差方差 σ_{ad}^2 分别为

$$r_{ad}=|s_aQ_d|=\frac{\sqrt{d^2+4D^2}\cos\theta_{ad}}{4\sin(\theta_{ad}-\theta_{cd})} \tag{3-16}$$

$$\sigma_{ad}^2=\left(\frac{\partial r_{ad}}{\partial \theta_{ad}}\right)^2\sigma_{\theta_{ad}}^2+\left(\frac{\partial r_{ad}}{\partial \theta_{cd}}\right)^2\sigma_{\theta_{cd}}^2 \tag{3-17}$$

此外，浮标 s_b 与交叉点 Q_b、Q_c、Q_d 的距离和距离误差方差，浮标 s_c 与交叉点 Q_a、Q_c、Q_d 的距离和方差，参照上述方法求解。

根据式（3-4）确定基准浮标，基于此求解距离误差方差最小时对应的定位点的位置坐标，即为水下量测点的位置坐标。

3.3 基于自适应交叉定位的距离-方位数据互联算法

在多个水下目标的检测过程中，声纳浮标组对多目标交叉定位时引入虚假量测点（鬼点），鬼点的存在将产生虚假航迹（鬼航迹）。一方面，增加了后续检测的运算量，严重时，会导致组合爆炸出现；另一方面，由于多目标的存在，尤其是存在航迹交叉情况，势必会影响检测预处理的效果。因此，对于多目标，还需要考虑虚假量测点对自适应交叉定位方法的影响。

交叉定位误差直接决定了后续检测方法的性能，而多目标数据关联是消除虚假量测点、改善交叉定位精度的一种有效方法。选用三浮标检测组进行自适应交叉定位，并对交叉定位后的量测进行距离-角度数据关联，研究了一

种基于自适应交叉定位和距离-角度数据关联的改进算法（AC-RA-DA）。AC-RA-DA 算法流程如图 3-5 所示。此外，浮标检测组对信号量测可能存在漏检，通过内插外推方法[104]可减少量测漏检情况发生。

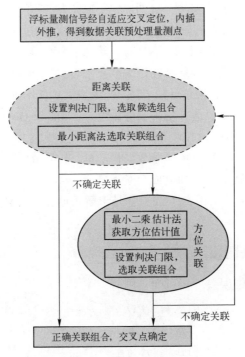

图 3-5　AC-RA-DA 算法流程图

3.3.1　AC-RA-DA 算法

在声纳检测组探测区域内，假设目标和噪声的个数为 N_1，方位线与量测点一一对应。

步骤 1：采用 3.2.2 节自适应交叉定位方法，分别计算浮标 s_a 与浮标 s_b、浮标 s_c 的交叉点 Q_a 和 Q_b，并按照方位线 $L_{ai}(i=1,2,\cdots,L_a)$ 的顺序构建交叉点集合 $A_{ac}=\{Q_{ai}=(x_{aci},y_{aci})\}$、$A_{ab}=\{Q_{bi}=(x_{abi},y_{abi})\}$，其中，$L_a$ 为声纳浮标 s_a 方位线的条数且满足 $L_a=N_1$，L_{ai} 为声纳浮标 s_a 第 i 条方位线。同时，构建方位线 L_{ai} 对应的候选组合 $B_i=(i,g,j)(i,g,j=1,2,\cdots,N_1)$，其中，$i$、$g$、$j$ 分别为浮标 s_a、浮标 s_b、浮标 s_c 对应的方位线序号。

步骤 2：设置判决门限 G，计算交叉点集合间的几何距离 $D_{bc}=|A_{ab}-A_{ac}|$。当 $D_{bc}<G$ 时，标记对应方位线的候选组合 B_i，并以对应交叉点构成关联点集

合 C_i。

步骤3：采用最小距离法[105]，计算关联点集合 C_i 中交叉点 Q_{ai} 和 Q_{bi} 的几何距离的最小值。对应的候选组合记为正确关联组合，记为 B_i'；对不满足正确关联组合的交叉点进行剔除，得到确定关联点集合 C_i'。

步骤4：重复步骤2、步骤3，遍历声纳浮标 s_a 方位线 $L_{ai}(i=1,2,\cdots,L_a)$，选取对应关联集合 $C_m(m=1,2,\cdots,N_1)$。当 C_m 中有唯一一组方位线组合时，则完成数据关联；否则，得到不确定关联点集合 C_i''，进行步骤5。

步骤5：采用最小二乘估计法[106]，计算步骤4在不确定关联点集合 C_i'' 中候选关联组合的目标位置估计，记为 $\boldsymbol{X}=[\tilde{x},\tilde{y}]^{\mathrm{T}}$，并计算相对于各声纳的方位估计值，记为 $\tilde{\theta}$，并构建方位检测统计量 $\lambda(\tilde{\theta})$，选取 χ^2 门限，当 $\lambda(\tilde{\theta})>\lambda_0$ 时，为非关联组合，重复上述步骤2～步骤5；当 $\lambda(\tilde{\theta})\leq\lambda_0$ 时，则对应的候选关联组为正确关联组合，即完成交叉点确定。

在 AC-RA-DA 算法中，关键步骤是求解关联判决门限，3.3.2 节将对此展开详细论述。

3.3.2 关联判决门限

由 3.2.3 节定位误差分析可知，则有

$$\begin{cases} R_{ab}=|Q_aQ_b|=|r_{ab}-r_{ac}| \\ R_{ca}=|Q_cQ_a|=|r_{cb}-r_{ca}| \\ R_{bc}=|Q_bQ_c|=|r_{ba}-r_{bc}| \end{cases} \quad (3-18)$$

当3条方位线来自同一量测时，根据 $3-\sigma$ 准则[107]，则有

$$\begin{cases} R_{ab}<3\sqrt{\sigma_{ab}^2+\sigma_{ac}^2} \\ R_{ca}<3\sqrt{\sigma_{cb}^2+\sigma_{ca}^2} \\ R_{bc}<3\sqrt{\sigma_{ba}^2+\sigma_{bc}^2} \end{cases} \quad (3-19)$$

本书以 R_{ab}、R_{ca}、R_{bc} 最大值为检测统计量，即

$$R_{abc}=\max\{R_{ab},R_{ca},R_{bc}\} \quad (3-20)$$

距离关联判决门限可表示为

$$G_{abc}=\min\{3\sqrt{\sigma_{ab}^2+\sigma_{ac}^2},3\sqrt{\sigma_{cb}^2+\sigma_{ca}^2},3\sqrt{\sigma_{ba}^2+\sigma_{bc}^2}\} \quad (3-21)$$

其中

$$\sigma_{ac}^2=\left(\frac{d_1\cos^2\theta_c\cos(\theta_a-\theta_c)}{\sin^2(\theta_a-\theta_c)}\right)^2\sigma_{\theta_a}^2+\left(\frac{d_1\cos\theta_a}{\sin^2(\theta_a-\theta_c)}\right)^2\sigma_{\theta_c}^2$$

$$\sigma_{ab}^2 = \left(\frac{d\cos\theta_b\cos(\theta_a-\theta_b)}{\sin^2(\theta_a-\theta_b)}\right)^2 \sigma_{\theta_a}^2 + \left(\frac{d\cos\theta_a}{\sin^2(\theta_a-\theta_b)}\right)^2 \sigma_{\theta_b}^2$$

式中：$d_1 = \sqrt{d^2+D^2}$。σ_{cb}^2、σ_{ca}^2、σ_{ba}^2、σ_{bc}^2 表达式与上式类似，这里不展开推导。

在3.3.1节步骤5中，由目标位置估计 X，计算相对于浮标组 $s_i(x_{si}, y_{si})$ ($i=a,b,c$) 的方位估计：

$$\hat{\theta}_i = \arctan((y_{si}-\hat{y})/(x_{si}-\hat{x})) \tag{3-22}$$

根据式 (3-18)，构建满足 χ^2 分布的方位检测统计量：

$$\lambda_\theta = \sum_i^{(a,b,c)} \left(\frac{\theta_i - \hat{\theta}_i}{\sigma_{\theta_i}}\right)^2 \tag{3-23}$$

式中：σ_{θ_i} 和 θ_i 分别为声纳浮标 s_i 的测向标准差与实际测量值。

根据自由度 n 和显著性水平 a 查 χ^2 分布表，得到门限 $\lambda_a(n)$，作为方位关联判决门限。

3.3.3 算法性能分析

3.3.3.1 参数设置

在二维平面内，选取水下目标作匀速直线运动阶段来设置仿真参数。声纳浮标检测组由3枚浮标组成，对应位置分别为 (6.3km, 5.7km)、(9.3km, 1.1km)、(12.3km, 5.7km)，作用距离为5km，测角误差不大于3°，误差符合零均值高斯噪声；假设在声纳浮标阵共同探测范围内存在3个目标，目标1~目标3的初始位置分别为 (8.0km, 7.0km)、(8.5km, 7.0km)、(9.5km, 7.0km)，初始航向均为60°（正北为0°，逆时针为正），航速平均值为10m/s；信噪比取5dB；以浮标作用距离为半径的圆形区域内含有噪声数，作为噪声密度 λ，取 $\lambda=100$；对浮标接收信号进行初步处理，连续采样次数10次，采样周期为10s；蒙特卡罗仿真试验次数为100次，以平均值作为最终的检测性能指标。

3.3.3.2 浮标组类型对算法性能影响

浮标组接收信号经过交叉定位预处理后的量测位置信息中存在交叉定位误差，直接影响后续检测的效果。交叉定位误差与浮标测角误差、浮标组中浮标数密切相关。根据3.2.3节浮标与交叉点的距离公式计算不同测角误差所对应的交叉定位均方误差[105]。根据3.3.2节距离关联判决门限 G_{abc} 和方位关联判决门限 $\lambda_a(n)$，确定关联概率。规定正确关联次数与总关联次数比值为正确关联概率。使用 3.3.3.1 节参数设置进行仿真实验。图 3-6 给出了含 2 枚浮标组和含 3 枚浮标组（分别用浮标组-2 和浮标组-3 表示）在不同测角误差条件下交叉定位均方误差及正确关联率。

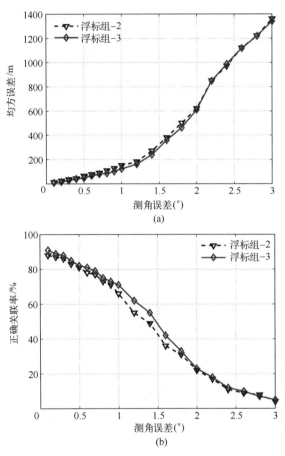

图 3-6 不同浮标组条件下的关联
(a) 均方误差；(b) 正确关联率。

由图 3-6 看出，随着测角误差增加，基于两类浮标组的交叉定位均方误差均随之增加。整体上定位精度，采用浮标组-3 优于采用浮标组-2。这是因为采用 3 枚浮标交叉定位，可以选取最小方差的浮标组合进行交叉定位，从而改善定位精度。这也是浮标组-3 的正确关联率优于浮标组-2 的原因。当测角误差不超过 1°时，浮标组-3 对航向相同的 3 个水下目标的正确关联率可到 70%以上。因此，在实际探测过程中，应充分利用多枚浮标阵来改善正确关联率。

3.3.3.3 浮标间距对算法性能的影响

为了进一步验证算法的性能,分析浮标间距对 AC-RA-DA 算法的正确关联率影响。改变浮标间距,浮标位置也随着改变,取测角误差为 1°,其他参数设置与 3.3.3.1 节一致。表 3-1 给出了目标数不同组合条件下的正确关联情况。

表 3-1 不同目标数条件下的正确关联统计

浮标间距 (作用距离的倍数)	正确关联率/%			
	目标 (1, 2)	目标 (2, 3)	目标 (1, 3)	目标 (1, 2, 3)
1.0	70.1	70.2	70.5	70.1
1.1	70.3	70.5	70.7	70.6
1.2	71.1	71.5	71.8	71.4
1.3	71.3	71.6	71.9	71.7
1.4	71.4	71.8	72.1	71.8
1.5	71.9	72.1	72.4	72.0

由表 3-1 可以看出,在声纳浮标组有效探测范围内和相同的噪声密度条件下,目标 4 种组合的正确关联率都随着浮标间隔的增大得到改善。在上述条件下,目标间隔变大,正确关联概率也略有改善。这是因为随着浮标之间距离的增加,交叉定位精度随之提高,多目标的正确关联概率也得到提升。因此,在声纳浮标组有效探测范围内和相同噪声密度条件下,浮标阵应适当选用较大距离间隔。

3.3.3.4 不同算法性能分析

为了进一步验证 AC-RA-DA 算法的性能,以正北为 0°,将目标 1~目标 3 的初始航向分别调整为 30°、45°、90°,相邻浮标间距为 1.2 倍作用距离,其他参数设置参照 3.3.3.3 节。图 3-7 给出了目标点迹示意图。在目标航迹交叉条件下,将 AC-RA-DA 法与最邻域法(Near Neighbor Data Association,NNDA)[105]、模糊聚类法(Fuzzy Relational Data Association,FRDA)[106]进行对比分析。不同测角精度条件下,图 3-8 给出了 3 种算法在的数据关联正确率和平均运算时间。

由图 3-8 可以得知:

(1) 随着测角误差的增加,3 种方法的正确关联率是逐渐变差的。AC-RA-DA 算法和模糊聚类法的正确关联率均优于最邻域法,且 AC-RA-DA 算

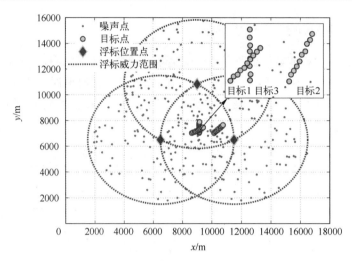

图 3-7　三目标运动点迹示意图

法性能趋近于模糊聚类法。当测角精度不大于 0.5°时，在目标航迹交叉条件下，AC-RA-DA 算法的正确关联率可以达到 65% 以上。这是因为多目标会导致最近邻域法对漏检、误检和虚检的观测结果比较敏感，而采用距离-方位两级关联处理，AC-RA-DA 算法要比最邻域法单一的距离关联处理更精细。当测角误差变差时，AC-RA-DA 算法的关联正确率好于模糊聚类法。这是因为模糊聚类法中某一类的隶属度值存在不确定性，正确关联率将变差。

（2）随着测角误差的增加，3 种算法的平均运算时间是增加的。其中，模糊聚类法实时性最佳，最近邻域法耗时最多，而 AC-RA-DA 算法的计算时间介于两者之间。这是因为为了有效地获取确定关联组，AC-RA-DA 算法要对不确定关联进行再次确认，增加了运算时间。

在噪声密度 $\lambda=200$ 条件下，对三种算法的性能作进一步分析。图 3-9 给出了 $\lambda=200$ 时 3 种算法的数据关联正确率和平均运算时间。

由图 3-9 可知，3 种算法的正确关联率是随着噪声密度的增加而变差的，而平均耗时是增加的。模糊聚类法对噪声密度变换最为敏感，这与文献[106] 中的分析是相一致的。

综上分析可知，AC-RA-DA 法在多目标航迹交叉、复杂噪声环境条件下，性能整体上要优于最近邻域法和模糊聚类法。

针对伴随多目标存在的虚假点迹、航迹过近等情况对检测预处理的影响，提出了一种基于自适应交叉定位的距离-方位数据关联改进算法（AC-RA-DA）。仿真结果表明：

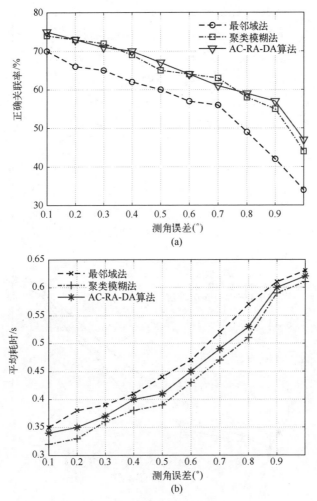

图 3-8 3 种关联算法性能分析
（a）正确关联率；（b）平均耗时。

（1）AC-RA-DA 算法的正确关联率与声纳浮标测角精度成正相关，同时浮标检测组含有浮标数目、浮标相邻间距以及目标间距也是影响正确关联概率重要因素。

（2）在测角误差小于 1° 条件下，AC-RA-DA 算法具有较好的关联性能。尤其在复杂噪声环境、多目标航迹交叉条件下，整体性能优于现有部分数据关联方法。在测角误差较大情况下，AC-RA-DA 关联算法性能提升及实际运用是下一步的研究方向。

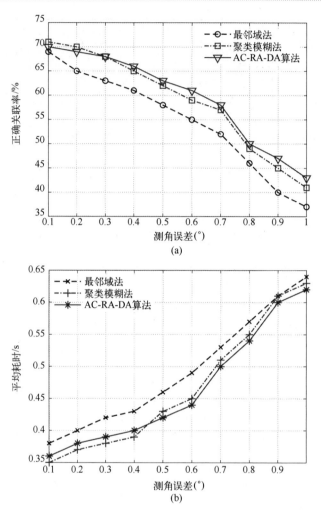

图 3-9 $\lambda = 200$ 时 3 种算法性能分析
（a）正确关联率；（b）平均耗时。

第 4 章
直线运动目标 HT-TBD 检测技术

针对 HT-TBD 算法无法直接用于被动声纳检测的问题,第 3 章给出了改进的交叉定位算法,在获取量测点位置等信息的同时,改善了因声纳浮标阵型、测角误差、虚假点迹对定位精度的影响。考虑检测预处理后的量测中包含疑似目标和噪声,借助 HT-TBD 算法在弱目标检测领域中的优势,探究其在复杂水声环境和低信噪比条件下检测水下目标的适用性。

水下潜航器通常采用随机直线运动和随机机动运动相结合的运动方式,以确保其水下航行的安全及隐蔽性。针对作直线运动水下单目标的被动探测问题,本章提出一种基于自适应交叉定位和双门限 HT-TBD 的被动检测算法(Adaptive Cross-Location and Double-Threshold HT-TBD,DT-HT-TBD)。采用第 3 章中声纳浮标拦截阵模型和自适应交叉定位算法,完成了检测预处理;使用点数积累和能量积累的双门限 HT-TBD 算法,得到初始检测航迹;利用目标运动航向和速度约束条件删除虚假航迹、合并相同初始航迹,优化声纳浮标阵检测水下目标的性能。

在被动探测作直线运动水下多目标的过程中,针对虚假量测点引起的组合爆炸以及多目标航迹交叉的问题,采用第 3 章 AC-RA-DA 算法进行检测预处理,提出一种基于 AC-RA-DA 和规范化 DT-HT-TBD 的改进算法(AC-RA-DA Normalized DT-HT-TBD,NDT-HT-TBD),改善声纳浮标阵在低信噪比、复杂水声环境下的多目标被动检测能力。本章重点对作直线运动的水下目标被动检测进行研究。

4.1 水下目标直线运动模型集

考虑同深探测时声纳能够保持良好的探测性能,假定水下目标在二维平面内运动,给出了直线运动系统模型。此时,水下目标的时域离散系统模型为

$$\begin{cases} X_{k+1} = F_k X_k + G_k v_k \\ Z_k = H_k X_k + W_k \end{cases} \tag{4-1}$$

式中：X_k、Z_k、v_k 分别为状态矢量、量测矢量、过程噪声矢量；F_k、G_k、H_k 分别为状态转移矩阵、过程噪声分布矩阵、量测矩阵；W_k 为满足高斯特性的量测噪声矢量，其中，k 为量测时间，$k=1,2,\cdots,K$。

4.1.1 匀速直线运动模型

在笛卡儿坐标系中，对作匀速直线运动的水下目标进行分析。其状态矢量可表示为 $X=[x,\dot{x},y,\dot{y}]^T$，其中，$[x,y]$ 和 $[\dot{x},\dot{y}]$ 分别为位置矢量、速度矢量；过程噪声矢量为 $v_k=[v_x,v_y]^T$，过程噪声一般取高斯白噪声，其中，v_x、v_y 分别为目标在对应坐标轴的速度。此时，对于匀速直线运动，状态转移矩阵满足

$$F_k = \begin{bmatrix} 1 & 0 & T & 0 \\ 0 & 1 & 0 & T \\ 0 & 0 & 1 & 0 \\ 0 & 0 & 0 & 1 \end{bmatrix} \tag{4-2}$$

式中：T 为采样间隔，并且

$$G_k = \begin{bmatrix} 0.5T^2 & 0 \\ 0 & 0.5T^2 \\ T & 0 \\ 0 & T \end{bmatrix} \tag{4-3}$$

匀速直线运动的协方差矩阵为

$$Q_k = E[G_k v_k \cdot (G_k v_k)^T] = \begin{bmatrix} 0.25T^4 & 0 & 0.5T^3 & 0 \\ 0 & 0.25T^4 & 0 & 0.5T^3 \\ 0.5T^3 & 0 & T^2 & 0 \\ 0 & 0.5T^3 & 0 & T^2 \end{bmatrix} \cdot q_k \tag{4-4}$$

其中

$$q_k = E[v_k \cdot v_k^T]$$

4.1.2 匀变速直线运动模型

对作匀变速直线运动的水下目标进行分析，状态矢量可表示为
$$X=[x,\dot{x},\ddot{x},y,\dot{y},\ddot{y}]^T$$
其中，$[x,y]$ 为位置矢量，$[\dot{x},\dot{y}]$ 为速度矢量，$[\ddot{x},\ddot{y}]$ 为加速度矢量。此时，

匀变速直线运动的状态转移矩阵满足

$$F_k = \begin{bmatrix} 1 & T & 0.5T^2 & 0 & 0 & 0 \\ 0 & 1 & T & 0 & 0 & 0 \\ 0 & 0 & 1 & 0 & 0 & 0 \\ 0 & 0 & 0 & 1 & T & 0.5T^2 \\ 0 & 0 & 0 & 0 & 1 & T \\ 0 & 0 & 0 & 0 & 0 & 1 \end{bmatrix} \quad (4-5)$$

对于匀变速直线运动，过程噪声分布矩阵为

$$G_k = \begin{bmatrix} 0.5T^2 & T & 1 & 0 & 0 & 0 \\ 0 & 0 & 0 & 0.5T^2 & T & 1 \end{bmatrix}^{\mathrm{T}} \quad (4-6)$$

匀变速直线运动的协方差矩阵为

$$\begin{aligned} Q_k &= E[G_k v_k \cdot (G_k v_k)^{\mathrm{T}}] \\ &= \begin{bmatrix} 0.25T^4 & 0.5T^3 & 0.5T^2 & 0 & 0 & 0 \\ 0.5T^3 & T^2 & T & 0 & 0 & 0 \\ 0.5T^2 & T & 1 & 0 & 0 & 0 \\ 0 & 0 & 0 & 0.25T^4 & 0.5T^3 & 0.5T^2 \\ 0 & 0 & 0 & 0.5T^3 & T^2 & T \\ 0 & 0 & 0 & 0.5T^2 & T & 1 \end{bmatrix} \cdot q_k \end{aligned} \quad (4-7)$$

对于匀速直线运动、匀变速直线运动的两种情况，量测矢量可表示为 $Z_k = [x_k, y_k]$，对应的量测矩阵分别为

$$H_k = \begin{bmatrix} 1 & 0 & 0 & 0 \\ 0 & 1 & 0 & 0 \end{bmatrix} \quad (4-8)$$

$$H_k = \begin{bmatrix} 1 & 0 & 0 & 0 & 0 & 0 \\ 0 & 0 & 0 & 1 & 0 & 0 \end{bmatrix} \quad (4-9)$$

图 4-1 给出了直线运动目标离散时间系统示意图。为了保持状态矢量和量测矢量满足高斯分布，假设初始状态矢量是高斯的，均值和协方差已知；两两不相关矢量包括初始状态矢量、过程噪声矢量、量测噪声矢量。

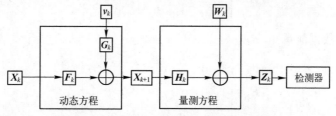

图 4-1 直线运动目标离散时间系统示意图

水下目标直线运动模型集包括匀速运动模型和匀变速运动模型。考虑声纳同深探测的优势，分析了高斯条件下的直线运动目标时间系统，给出了二维平面的离散时间动态方程和离散时间量测方程，为后续章节的仿真验证构建了直线目标运动模型。

4.2 基于自适应交叉定位和双门限 HT-TBD 的检测算法

针对单个水下目标的被动检测要求，下面提出一种基于航空被动定向声纳浮标阵自适应交叉定位和双门限 HT-TBD 的水下目标被动检测算法（DT-HT-TBD）。

4.2.1 DT-HT-TBD 检测算法

DT-HT-TBD 检测水下目标的基本思想[94]：采用自适应交叉定位算法完成声纳浮标阵量测数据预处理；以预处理数据构建数据矩阵，经 Hough 变换正映射到参数空间；根据参数空间分辨单元进行非相参积累，将通过点数能量双门限的分辨单元逆 Hough 映射到数据空间，得到初始检测结果；再将通过门限的初始航迹进行航迹合并、虚假航迹剔除，得到与目标数量一一对应的高可信度检测航迹。如果检测航迹存在，实现水下目标检测；如果不存在，则重复上述检测过程。图 4-2 展示了 DT-HT-TBD 检测流程图。

DT-HT-TBD 算法的具体步骤如下。

（1）检测预处理。检测预处理声纳浮标检测组获取量测数据，得到预处理数据。

（2）Hough 正映射。

步骤 1：构建数据矩阵。经过预处理后，第 i 枚被动声纳浮标在 k 时刻的量测数据为 $z_{k(i)j}=(x_{k(i)j},y_{k(i)j},a_{k(i)j})(j=1,2,\cdots,n_l)$，其中，$n_l(n_l<n_j)$ 为通过交叉定位处理后的测量点数，对应的数据矩阵 $\boldsymbol{B}_k$ 为

$$\boldsymbol{B}_k = \begin{bmatrix} x_{k(i)1} & x_{k(i)2} & \cdots & x_{k(i)n_l} \\ y_{k(i)1} & y_{k(i)2} & \cdots & y_{k(i)n_l} \end{bmatrix} \tag{4-10}$$

k 时刻数据能量矩阵 $\boldsymbol{E}_k$ 为

$$\boldsymbol{E}_k = \begin{bmatrix} x_{k(i)1} & x_{k(i)2} & \cdots & x_{k(i)n_l} \\ y_{k(i)1} & y_{k(i)2} & \cdots & y_{k(i)n_l} \\ a_{k(i)1} & a_{k(i)2} & \cdots & a_{k(i)n_l} \end{bmatrix} \tag{4-11}$$

第 4 章 直线运动目标 HT-TBD 检测技术

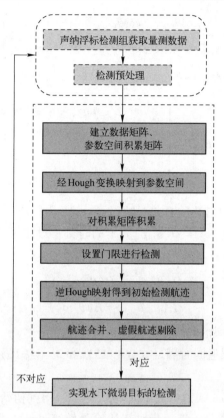

图 4-2 DT-HT-TBD 检测流程图

步骤 2：对参数空间进行离散化。考虑测角误差的影响，为了有效检测量测数据中的水下弱目标信息，将参数空间离散分割为 $N_\theta \times N_\rho$ 个小格，每个小格的中心点为

$$\begin{cases} \theta_l = \left(l-\dfrac{1}{2}\right) \cdot \Delta\theta, & l=1,2,\cdots,N_\theta \\ \rho_m = \left(m-\dfrac{1}{2}\right) \cdot \Delta\rho, & m=1,2,\cdots,N_\rho \end{cases} \quad (4\text{-}12)$$

式中：$\Delta\theta = \dfrac{\pi}{N_\theta}$；$\Delta\rho = \dfrac{r_{\max}}{N_\rho}$ 为小格的尺寸，$r_{\max}$ 为被动声纳浮标测量范围的 2 倍。

步骤 3：建立参数空间积累矩阵，同时对参数空间初始化。

步骤 4：经过 Hough 变换映射，自适应声纳浮标检测组交叉定位得到量测数据点对应参数空间的曲线。根据 Hough 映射公式 $\rho = x\cos\theta + y\sin\theta$，$k$ 时刻数据矩阵 $\boldsymbol{B}_k$ 对应的 Hough 映射矩阵 $\boldsymbol{H}_k$ 为

$$H_k = \begin{bmatrix} \cos\theta_{k(i)1} & \cos\theta_{k(i)2} & \cdots & \cos\theta_{k(i)n_l} \\ \sin\theta_{k(i)1} & \sin\theta_{k(i)2} & \cdots & \sin\theta_{k(i)n_l} \end{bmatrix}^{\mathrm{T}} \quad (4-13)$$

Hough 映射后参数空间的矩阵 C_k 为

$$C_k = H_k B_k = \begin{bmatrix} r_{1,\theta_{k(i)1}} & r_{2,\theta_{k(i)1}} & \cdots & r_{n_l,\theta_{k(i)1}} \\ r_{1,\theta_{k(i)2}} & r_{2,\theta_{k(i)2}} & \cdots & r_{n_l,\theta_{k(i)2}} \\ \cdots & \vdots & & \vdots \\ r_{1,\theta_{k(i)n_l}} & r_{2,\theta_{k(i)n_l}} & \cdots & r_{n_l,\theta_{k(i)n_l}} \end{bmatrix} \quad (4-14)$$

(3) 参数空间积累及逆 Hough 映射。

步骤 1：当 $D(\theta_l,\rho_m) = D(\theta_l,\rho_m) + 1$ 的时刻，对曲线覆盖的参数单元进行点数积累、能量积累：

$$D(\theta_l,\rho_m) = D(\theta_l,\rho_m) + 1 \quad (4-15)$$

$$E(\theta_l,\rho_m) += E(\theta_l,\rho_m) \quad (4-16)$$

式中："+="表示累加运算。

当参数单元积累值同时满足式（4-15）和式（4-16）时，选取所对应的参数单元 (θ_l^*,ρ_m^*)。

步骤 2：逆 Hough 映射参数单元 (θ_l^*,ρ_m^*)，得到初始检测航迹。

(4) 检测性能优化。进一步对初始检测航迹进行可靠性处理。一方面对航迹相同的初始检测航迹进行合并，另一方面在合并基础上借助目标运动速度和角度约束条件[108-109]，删除虚假初始航迹，得到一一对应的高可信度的检测航迹，即认为有效检测到目标，从而实现对水下弱目标的检测。同时，剔除高可信度的检测航迹中点迹，随着时间推移，可以实现对水下弱目标的实时检测。此外，当目标航迹数与检测航迹数不一致时，可重复上述步骤，提高检测概率。

4.2.2 算法性能分析

4.2.2.1 参数设置

设探测区域范围为 [0km, 30km]、[0km, 30km]，海水声速平均值为 1500m/s。目标起始位置为 (9km, 12km)，航向为 40°，航速平均值为 10m/s。首枚浮标声纳位置为 (9.25km, 12km)，声纳浮标数为 2 枚，布设方向 90°，作用距离为 5km，相邻浮标间距为 1.2 倍作用距离；被动定向声纳浮标测角误

差为 [0°, 1°]，交叉定位误差为 [10m, 100m]，目标丢失率为 [0, 20%]，量测数据由目标信号加噪声信号组成，误差类型为零均值高斯噪声。对浮标接收信号进行初步处理，连续采样次数为 5 次，采样周期为 10s；Hough 变换中参数空间网格数均取 360，点数积累门限 δ_D 为最大积累次数的 80%，能量积累门限 δ_E 为最大积累能量的 81%。检测概率规定为当 5 个点中至少检测到 4 个点，即可认为检测到目标。

4.2.2.2 实验验证

实验 1：方法可行性分析。

为了保证有效的检测概率和高效的运算时间，根据文献 [108]，参数空间积累次数采用 5 次展开研究。5 次积累后的量测数据点分布如图 4-3（a）所示，定位后的数据点分布如图 4-3（b）所示。

由图 4-3 可知，经过自适应交叉定位处理后，可以消除大部分噪声的干扰。但受到浮标测角误差及交叉定位误差的影响，目标量测点连线不再符合标准直线分布，而是随机分布于真实点迹附近，导致检测难度的增加。

根据 4.2.1 节 DT-HT-TBD 检测算法的思想与步骤，对交叉定位后的数据点进行 Hough 变换，可以得到如图 4-4（b）所示的双门限积累后直方图。图 4-4（b）与图 4-4（a）对比可知，Hough 正映射将数据空间中点转换到参数空间的曲线，而参数空间曲线表现出汇聚特征，这使得利用特征点积累峰值检测具备了可行性。

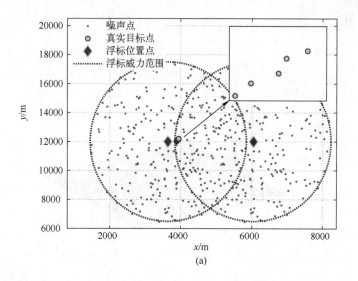

(a)

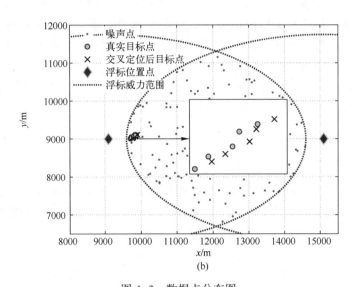

(b)

图 4-3 数据点分布图

(a) 积累 5 次后的量测数据点分布；(b) 交叉定位后的数据点分布。

Hough 逆映射超过点数积累和能量积累的双检测门限的特征点，得到初始检测航迹。但检测航迹中除了目标之外，通常还含有噪声。为有效去除噪声，根据 4.2.1 节中给出了目标运动速度和角度约束条件对检测航迹进行删除，检测优化处理后直方图如图 4-5（a）所示，对应 DT-HT-TBD 检测航迹如图 4-5（b）所示。

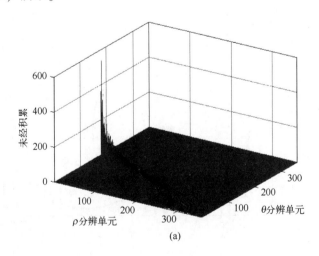

(a)

第 4 章 直线运动目标 HT-TBD 检测技术

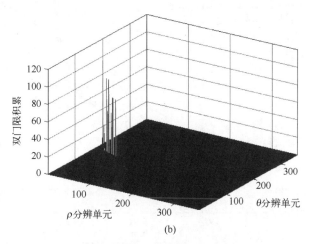

图 4-4 参数空间中积累前后示意图
(a) 积累前直方图；(b) 双门限积累后直方图。

由图 4-5 可知，DT-HT-TBD 检测航迹与目标真实航迹并不重合，而是存在一定偏差。这是因为 HT-TBD 检测算法仅对交叉定位后的初始时刻的数据进行检测，受交叉定位误差的影响，初始检测航迹与目标真实航迹显然无法重合，但两者随时间的变化趋势一致。针对这一问题，延长观测时间为 200s，在 DT-HT-TBD 初始航迹检测成功后，采用卡尔曼滤波（Kalman Filter, KF）算法[109]对交叉定位后的点迹作进一步跟踪处理，实现了 KF 跟踪航迹逐渐趋于目标真实航迹，跟踪处理后的结果如图 4-5（c）所示。

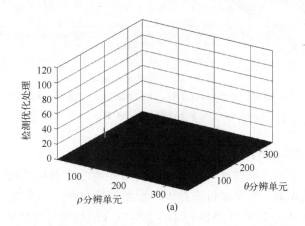

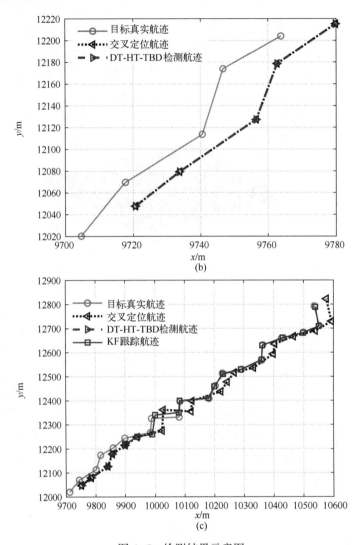

图 4-5 检测结果示意图
(a) 检测优化处理后直方图；(b) 检测优化处理后航迹示意图；
(c) 跟踪处理后航迹示意图。

实验 2：不同条件下的性能分析。

为了进一步验证算法的可行性，仿真时主要考虑目标信噪比、目标丢失率、声纳测角误差、交叉定位误差 4 个参数对检测性能的影响。图 4-6 给出了在信噪比分别为 5dB 和 10dB 时 DT-HT-TBD 的检测处理结果。

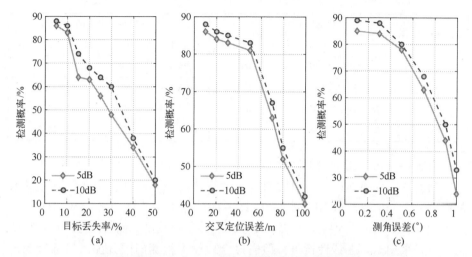

图 4-6 DT-HT-TBD 在不同条件下的检测性能
(a) 交叉定位误差 50m 且测角误差 0.5°时；(b) 目标丢失率 10%
且测角误差 0.5°时；(c) 目标丢失率 10%且交叉定位误差 50m 时。

由图 4-6 可知，被动声纳浮标的目标丢失率、声纳测角误差、交叉定位误差等技术指标直接决定了算法的检测性能。其中，目标丢失率是影响算法性能最主要的因素，当其超过 20%时，DT-HT-TBD 的检测概率将显著下降。这与 DT-HT-TBD 算法采用积累次数和门限设置直接相关。

在目标丢失率、声纳测角误差、交叉定位误差取平均值条件下，不同信噪比条件下的算法性能如表 4-1 所列。

表 4-1 SNR=0~20dB 的检测性能

信噪比/dB	0	2	4	6	8	10	12	15	20
检测概率/%	2	15	77	81	83	83.5	84	86	89

由表 4-1 可知，随信噪比由 0 增加 20dB，DT-HT-TBD 算法的检测概率随之升高。尤其当信噪比超过 6dB 时，DT-HT-TBD 算法检测概率可达 81%以上。

实验 3：与现有方法的对比分析。

为进一步验证算法性能，取信噪比分别等于 5dB、10dB、15dB、20dB 且其余参数为均值的仿真条件，对 WVD[110]、WHT[111]、DT-HT-TBD 算法各进行 100 次蒙特卡罗仿真实验，3 种算法检测性能比较如表 4-2 所列。

表 4-2　WVD、WHT、DT-HT-TBD 算法检测性能比较

信噪比/dB	检测概率/%			平均运行时间/s		
	WVD	W-HT	DT-HT-TBD	WVD	W-HT	DT-HT-TBD
5	67	77	80	25.7	35.1	37.2
10	72	83	83	23.6	23.6	23.8
15	78	86	85	23.3	23.4	23.3
20	80	88	89	22.1	22.1	22.2

由表 4-2 可以得到以下结果。

（1）WVD、WHT、DT-HT-TBD 3 种算法的检测概率，均随信噪比的增加而升高。当信噪比取 5dB 时，DT-HT-TBD 算法检测性能优于 W-HT 算法和 WVD 算法。由于 W-HT 方法对线性检测要求比较高，而 DT-HT-TBD 算法虽然也是采用 Hough 线性检测，但通过合理设置检测门限并加入目标运动约束条件，可以改善近似线性检测条件。因此，DT-HT-TBD 算法在较低信噪比条件下，具较好的检测性能。此外，当信噪比超过 10dB 时，信噪比起到决定影响，DT-HT-TBD 算法与 W-HT 算法检测性能基本相同。

（2）WVD、WHT、DT-HT-TBD 3 种算法的平均运行时间，都随信噪比的增加而减少。在不同信噪比条件下，DT-HT-TBD 和 W-HT 的平均运算时间基本相同。考虑 Hough 线性检测参数空间网格化设置及积累运算，在较低信噪比条件下，WVD 算法实时性较好。但当信噪比超过 10dB 后，WVD、WHT、DT-HT-TBD 3 种算法的平均运行时间基本相同。

此外，WVD、WHT、DT-HT-TBD 3 种算法的检测概率误差范围，都随信噪比的增加而降低。在相同条件下，DT-HT-TBD 算法的检测误差范围小于 WVD 算法和 WHT 算法。图 4-7 给出了 WVD、WHT、DT-HT-TBD 3 种算法在不同信噪比条件下的检测概率误差示意图。DT-HT-TBD 算法一方面采用满足点数积累最大和能量积累最大双门限检测的特征点进行合并，实现了检测的有效性；另一方面采用目标运动速度约束条件、航向约束条件以及点迹合并方法，进一步改善了检测的可靠性。总体来说，DT-HT-TBD 算法优于 WVD 算法和 WHT 算法。

本节提出了一种基于自适应交叉定位和双门限 HT-TBD 的被动检测算法（DT-HT-TBD）。

（1）DT-HT-TBD 算法的检测性能与被动声纳浮标的目标丢失率、测角误差、定位误差等指标呈负相关，与信噪比正相关。在上述指标取平均值条件下，当信噪比不低于 6dB 时，DT-HT-TBD 算法检测概率可达 81% 以上。

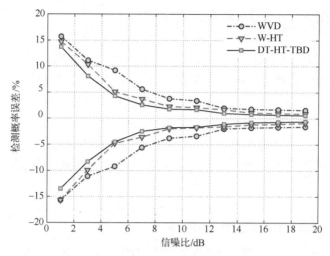

图 4-7 WVD、WHT、DT-HT-TBD 算法的检测概率误差范围图

（2）与现有 WVD、WHT 时频检测算法对比，当信噪比低于 5dB 时，DT-HT-TBD 算法检测性能更好。相比于 W-HT 算法和 WVD 算法，检测概率分别提高了 3.8%、19%；DT-HT-TBD 算法检测概率误差范围随信噪比的增加而降低，且优于 W-HT 算法、WVD 算法；当信噪比超过 10dB 后，检测速度与 W-HT 算法、WVD 算法趋于一致。

4.3 基于 AC-RA-DA 和规范化 DT-HT-TBD 的检测算法

针对多个水下目标的被动检测需求，下面提出一种基于 AC-RA-DA 和规范化 DT-HT-TBD 的被动检测算法（NDT-HT-TBD）。

4.3.1 规范化 Hough 变换

在用方位-径向距离坐标系表示 Hough 变换的数据空间情况下，而方位的单位为 rad，表示数量级通常为个位数；对应的径向距离单位为 m，表示数量级通常为千位数。因此，径向距离变化很大时，可能方位变化很小，即如果方位和距离取同一数量级，则方位分辨率要设得很低，而对应的径向距离分辨率要设得很高，使得参数空间参数积累和判决变得困难，同时运算量将增大，导致实时性变差。

针对上述问题，在进行 Hough 变换前对数据空间进行规范化处理，使方位坐标和径向距离坐标处于统一的数量级。原始数据空间经过规范化处理得

到规范化数据空间，规范化转换关系为

$$f_N(x,y) \rightarrow (x_N, y_N) \tag{4-17}$$

式中：(x,y) 为原始数据空间坐标表示；(x_N, y_N) 为规范化数据空间坐标表示；f_N 为规范化转换函数。为保持算法的时效性，f_N 可采用线性函数，即

$$\begin{bmatrix} x_N \\ y_N \end{bmatrix} = \begin{bmatrix} k_x & 0 \\ 0 & k_y \end{bmatrix} \begin{bmatrix} x \\ y \end{bmatrix} \tag{4-18}$$

式中：k_x 和 k_y 分别为原始坐标 x、y 的规范化线性转换系数。

显然，经过规范化处理，Hough 变换直线检测参数方程 $\rho = x\cos\theta + y\sin\theta$ 变为

$$\rho = x_N \cos\theta + y_N \sin\theta \tag{4-19}$$

将式（4-18）代入式（4-19），则有

$$\rho = k_x x \cos\theta + k_y y \sin\theta \tag{4-20}$$

显然，当 $k_x = k_y = 1$ 时，式（4-20）即为标准 Hough 变换直线检测参数方程。为了与前者相区分，这里将经过规范化处理的 Hough 变换称为规范化 Hough 变换。

规范化处理算法包括数据空间规范化处理和规范化数据空间逆处理，具体算法见算法 4.1。

算法 4.1：数据空间规范化处理算法

输入：数据空间 D

1 计算数据空间的坐标范围

$$\begin{bmatrix} x_{\max} \\ y_{\max} \end{bmatrix} = \begin{bmatrix} \max\{x_i\} \\ \max\{y_i\} \end{bmatrix}, i=1,2,\cdots,N，其中，N 为数据空间 D 中量测点数$$

2 确定规范化线性转换函数 f_N

3 对 x 维数据进行规范化，$f_{Nx} = 10^{\lg|k_0|}$，其中，$k_0 = y_{\max}/x_{\max}$

4 同理，对 y 维数据进行规范化处理

5 计算规范化线性转换系数

$$\begin{cases} k_x = \text{int}(k_0) \\ k_y = \text{int}(\cdot) \end{cases}, \text{int}(k_0) 表示取大于 k_0 的最小整数$$

输出：规范化数据空间 D_N

对规范化数据空间进行 Hough 变换处理后，在参数空间经过非相关积累和门限判决处理获取任一阈值点 $(\rho_i^*, \theta_i^*)(i=1,2,\cdots,N^*)$，其中，$N^*$ 为满足

门限判决所有参数点；显然，在逆 Hough 变换处理后，需要对规范化数据空间进行逆规范化处理，见算法 4.2。

算法 4.2：规范化数据空间的逆处理算法

输入：规范化数据空间 D_N 中阈值点

1. 根据逆 Hough 变换计算规范化数据空间线性运动轨迹的表达

$$y_{Ni} = -\frac{\cos\theta_i^*}{\sin\theta_i^*}x_{Ni} + \frac{\rho_i^*}{\sin\theta_i^*}$$

2. 确定规范化线性转换逆函数 f_N^{-1}，$f_N^{-1}(x_N, y_N) \rightarrow (x, y)$

3. 对规范化数据空间数据进行逆规范化处理，得到数据空间线性运动轨迹的表达式

$$y_i = -\frac{k_x\cos\theta_i^*}{k_y\sin\theta_i^*}x_i + \frac{\rho_i^*}{k_y\sin\theta_i^*}$$

输出：数据空间直线运动轨迹

此时，数据空间直线运动轨迹即为对水下目标初始检测航迹，采用 4.2.1 节中航迹优化处理，得到高置信度的检测航迹，即实现了对水下目标的可靠检测。

4.3.2 NDT-HT-TBD 检测算法

NDT-HT-TBD 检测水下目标的基本思想如下[94]。首先，采用 AC-RA-DA 算法完成声纳浮标阵量测数据预处理并构建数据矩阵，根据 4.3.1 节对预处理后的数据空间进行规范化处理，得到规范化数据空间，同时建立参数矩阵。其次，通过规范化 Hough 变换将测量数据映射到参数空间，在参数空间分辨率单元中，先后进行点数积累、能量累积和阈值检测；通过 Hough 变换将阈值分辨率单元逆映射到规范化数据空间，得到规范化数据空间中的初始检测轨迹。再次，对规范化数据空间做逆规范化处理，得到原始数据空间中的检测航迹。最后，在数据空间中通过航迹合并和假航迹去除，将初始航迹与点航迹关联，得到与目标个数对应的高置信度检测航迹。如果存在，则认为检测到水下目标；如果不存在，则重复上述检测过程。NDT-HT-TBD 检测流程如图 4-8 所示。

NDT-HT-TBD 检测算法具体步骤见算法 4.3。

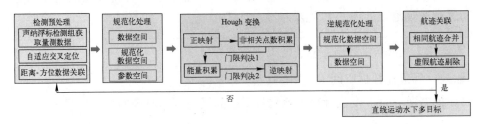

图 4-8 NDT-HT-TBD 检测流程图

算法 4.3：DT-HT-TBD 检测算法

输入：声纳浮标检测组获取量测数据

1 检测预处理，得到预处理数据
2 根据 4.2.1 节步骤 1 构建数据矩阵和参数空间
3 根据算法 4.1 对数据空间进行规范化处理
4 根据式（4-10）、式（4-11）构建对应数据矩阵 $\boldsymbol{B}_k$ 和能量矩阵 $\boldsymbol{E}_k$
5 根据式（4-12）对参数空间做离散化处理
6 构建参数空间中的点数积累矩阵和能量积累矩阵，并完成初始化
7 更新 Hough 变换方程。假设 k 时刻声纳浮标 s_a、s_b，在绝对极坐标系中位置 (D_{sa}, θ_{sa})、(D_{sb}, θ_{sb})

$$\rho = \rho_{sa} + \rho'_{sb}$$

式中：$\begin{cases} \rho_{sa} = D_{ab}\sin(\psi - \theta_1^k) = d_{ab}\dfrac{\cos\theta_b^k}{\sin(\theta_a^k - \theta_b^k)}\sin(\psi - \theta_a^k) \\ \rho'_{sb} = D_{ab}\cos(\psi - \theta_1^k) = d_{ab}\dfrac{\cos\theta_b^k}{\sin(\theta_a^k - \theta_b^k)}\cos(\psi - \theta_a^k) \end{cases}$；$\rho'_{sb}$ 为校正项

其中将声纳浮标局部坐标系转换为绝对极坐标系；D_{ab} 为浮标探测距离；d_{ab} 为相邻浮标间距；$\psi = \theta + \pi/2$，θ 为标准 Hough 变换方程中参数

8 If $k \leq K$
   根据 Hough 映射方程 $\rho = \rho_{sa} + \rho'_{sb}$，$k$ 时刻数据矩阵 $\boldsymbol{B}_k$ 对应的 Hough 映射矩阵 $\boldsymbol{H}_k$、参数空间的矩阵 $\boldsymbol{C}_k$ 分别用式（4-13）和式（4-14）表示。
   根据式（4-15）和式（4-16）对，各时刻曲线覆盖的参数单元进行点数积累和能量积累
9 End

10 设置参数点积累门限 δ_D 和能量积累门限 δ_E，分别对参数空间分辨单元积累值进行点数和能量双门限检测

11 If $\begin{cases} D(\theta_l,\rho_m)>\delta_D \\ E(\theta_l,\rho_m)>\delta_E \end{cases}$

得到对应的参数单元 (θ_l^*,ρ_m^*)

12 End

13 根据算法 4.1 得到数据空间直线运动轨迹

14 点迹优化。参照 4.2.1 节

输出：数据空间目标直线运动轨迹

4.3.3 算法性能分析

4.3.3.1 参数设置

设水下目标数目为 3，初始位置分别为 (7.5km, 7.0km)、(8.5km, 7.0km)、(9.5km, 7.0km)，初始航向均为 60°，航速平均值为 10m/s。被动定向声纳浮标阵中首枚浮标声纳布设位置为 (6.3km, 8.5km)，其他参数设置与 4.2.2.1 节保持一致。

4.3.3.2 水声环境复杂度对检测性能的影响

采用 4.3.3.1 节参数设置，在信噪比为 5dB、噪声密度 $\lambda=100$ 时进行仿真实验。首先采用 AC-RA-DA 算法对声纳浮标阵的量测数据进行检测预处理，该条件下噪声与目标点迹分布如图 4-9（a）所示。之后，根据 4.3.2 节步骤对预处理后的数据进行处理，得到图 4-9（e）所示的检测结果。图 4-9（e）表明了 NDT-HT-TBD 算法对水下多目标检测的可行性。

在其他参数不变条件下，增加噪声密度 $\lambda=200$ 进行仿真实验。预处理后的噪声与目标点迹分布、检测结果分别如图 4-10（a）、（e）所示。由图 4-10（e）可知，在增加噪声密度后，NDT-HT-TBD 算法在复杂水声环境下仍然能够对多目标点迹进行有效检测。

4.3.3.3 信噪比对检测性能影响

为进一步验证 NDT-HT-TBD 算法的有效性，在噪声密度 $\lambda=200$、信噪比为 1~10dB 的条件下进行仿真验证。其他条件与 4.3.3.2 节相同。1~10dB 信

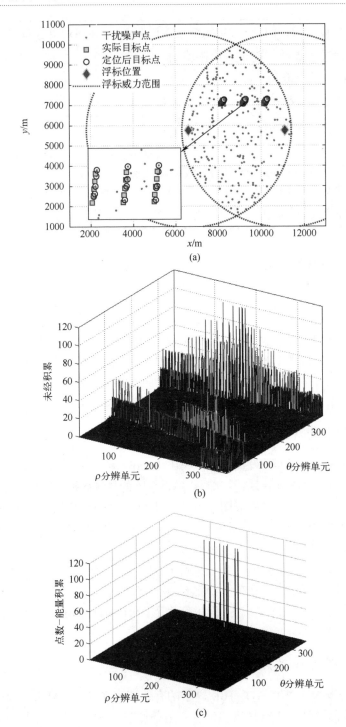

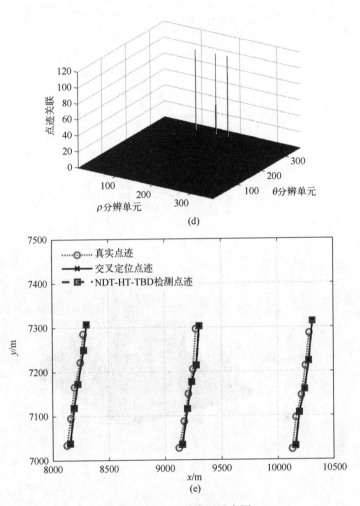

图 4-9 λ=100 时检测示意图

(a) 噪声与目标点迹分布;(b) 参数空间未积累前直方图;

(c) 能量积累后直方图;(d) 点迹优化处理后直方图;(e) 检测结果示意图。

噪比条件下的检测结果如表 4-3 所列。由表 4-3 可知,在信噪比为 3dB 时,单个目标被检测到的平均检测概率达到 72%,3 个目标被同时检测到的平均检测概率也达到 60% 以上。因此,NDT-HT-TBD 算法在复杂水声环境下,对水下低可探测目标仍具有较好的检测性能。

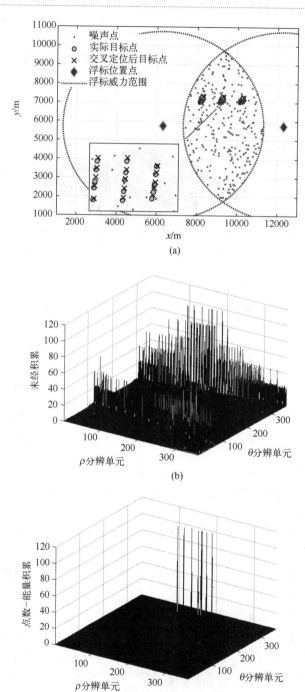

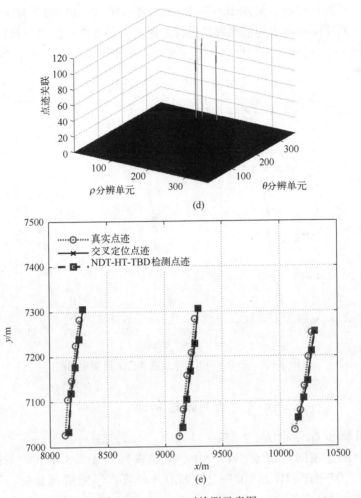

图 4-10 $\lambda=200$ 时检测示意图

(a) 噪声与目标点迹分布；(b) 参数空间未积累前直方图；
(c) 能量积累后直方图；(d) 点迹优化处理后直方图；(e) 检测结果示意图。

表 4-3 SNR=1~10dB 单/多目标检测概率统计表

信噪比/dB		1	2	3	4	5	6	7	8	9	10
检测概率/%	单目标	10	40	72	73	75	79	81	83	85	86
	多目标	0	18	61	62	66	67	69	71	73	74

4.3.3.4 目标点迹非交叉时检测性能分析

在信噪比为 3dB，噪声密度 $\lambda=200$，其他参数设置如 4.3.3.1 节的条件下做进一步仿真验证。采用 DP-TBD[51]、DT-HT-TB 和 NDT-HT-TBD 算法分别对声纳浮标阵接收的量测数据进行处理,得到处理后的结果如图 4-11 所示。由图 4-11 可知,当目标点迹非交叉时,3 种算法都能对水下多目标进行有效检测。

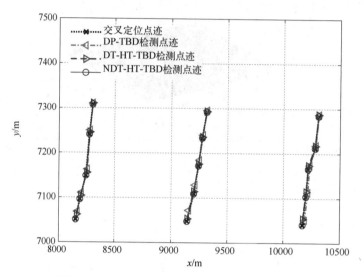

图 4-11　SNR=3dB 目标点迹非交叉检测示意图

4.3.3.5　目标点迹交叉时检测性能分析

在目标位置分别为(7.55km,7.0km)、(7.75km,7.0km)、(8.25km,7.0km),对应航向为 30°、80°、90°,其他参数同 4.3.3.4 节的条件下,对 DP-TBD、DT-HT-TB 和 NDT-HT-TBD 3 种算法性能进行分析。信噪比为 3dB 时的检测点迹如图 4-12 所示。

由图 4-12 可知,当存在目标点迹交叉情况,DP-TBD、DT-HT-TB 检测性能变差,而 NDT-HT-TBD 算法仍然能够对水下多目标点迹进行有效检测。原因如下:与采用多元假设检验的 DP-TBD 算法相比,NDT-HT-TBD 算法在检测多目标时能够同时形成对应峰值;与 DT-HT-TB 算法相比,NDT-HT-TBD 算法采用规范化 Hough 变换,在预处理过程中采用距离-方位数据关联方法,改善了多目标之间相互干扰对门限检测的不利影响;此外,NDT-HT-TBD 算法采用坐标系数量级规范化的思想,检测性能不受目标位置间隔较大条件的限制。

在信噪比分别为 3dB、5dB、10dB 的条件下,对 DP-TBD、DT-HT-TB 和 NDT-HT-TB 3 种算法性能做进一步分析。表 4-4 统计了 3 种算法检测性能。

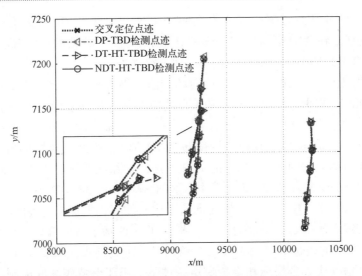

图 4-12 SNR=3dB 目标点迹交叉检测示意图

表 4-4 DP-TBD、DT-HT-TB 和 NDT-HT-TB 算法检测性能比较

信噪比/dB	检测概率/%			平均运行时间/s		
	DP-TBD	DT-HT-TBD	NDT-HT-TBD	DP-TBD	DT-HT-TBD	NDT-HT-TBD
3	49.2	47.3	60.1	49.2	47.1	48.7
5	52.7	53.4	63.6	47.2	46.6	46.4
10	68.3	66.6	71.5	44.1	43.3	42.3

由表 4-4 可知，随着信噪比增加，DP-TBD、DT-HT-TB 和 NDT-HT-TB 3 种算法的检测概率而增加，而 NDT-HT-TBD 算法检测效果更好。在信噪比为 3dB 时，NDT-HT-TBD 算法的检测概率分别比 DP-TBD、DT-HT-TB 算法提高 10.9%、12.8%。同时，3 种算法平均运行时间都随信噪比增加而减小。为了保证一定检测概率，NDT-HT-TBD 算法增加了检测预处理阶段计算的复杂度，但通过采用规范化处理，时效性与 DP-TBD、DT-HT-TBD 算法相差不大。

综上分析可知，NDT-HT-TBD 算法检测性能优于 DP-TBD、DT-HT-TBD 算法。

本节提出了一种基于 AC-RA-DA 和规范化 DT-HT-TBD 的水下多目标被动检测算法（NDT-HT-TBD）。

(1) 在低信噪比、多目标、复杂噪声条件下，NDT-HT-TBD 算法具有较好的检测性能。

（2）在多目标点迹交叉不利条件下，NDT-HT-TBD 算法采用规范化 Hough 变换，在参数空间中采用多判决门限改善了参数的分辨率，与 DP-TBD、DT-HT-TBD 算法相比，仍具有较好检测性能。

针对现代潜航器的低可探测性问题和隐蔽性探测需求，在水下直线运动单目标探测过程中，提出了一类基于自适应交叉定位和双门限 HT-TBD 的水下目标被动检测算法（DT-HT-TBD）。首先，在完成检测预处理基础上，采用点数积累和能量积累的双门限 Hough 检测方法，得到了初始检测航迹；其次，利用目标运动约束条件和航迹合并方法，剔除虚假航迹及合并重复航迹，提高了水下目标检测概率；最后，仿真结果表明，与 W-HT、WVD 时频检测算法相比较，DT-HT-TBD 算法在低信噪比条件下仍能保持较高的检测概率。在水下直线运动多目标探测过程中，提出了一种基于 AC-RA-DA 和规范化 DT-HT-TBD 的改进算法（NDT-HT-TBD）。仿真结果表明，NDT-HT-TBD 算法在低信噪比、多目标和复杂噪声条件下，仍能保持较高的检测概率。此外，该类算法也适用于覆盖阵条件下的水下目标被动检测。

第 5 章
典型机动运动目标 RHT-TBD 检测技术

水下潜航器通常采用不定期的机动来提升其水下航行的隐蔽性和安全性。其中，类圆弧运动、类抛物线运动、旋回运动是潜航器应用较广泛的 3 种机动样式。潜航器机动主要通过改变航速、航向、航深等运动参数来实现。受海水深度的限制，在近岸海域改变航深可能会威胁潜航器的航行安全，潜航器主要采用速度机动和航向机动来规避被航空探测器材发现。此外，随着潜航器消音降噪技术的发展，其辐射噪声强度接近于海洋环境背景噪声强度，某些先进潜航器甚至低于这一指标。这些因素都增加了航空声纳浮标被动检测的难度。检测作为航空探测实施的起点，直接影响航空探测的质效。因此，被动检测水下机动运动目标成为航空探测领域中亟待解决的关键性问题。

第 4 章研究了适用于水下单目标被动检测的 DT-HT-TBD 算法和适用于水下多目标被动检测的 NDT-HT-TBD 算法，但它们主要用于作直线运动的目标，而不适用于机动运动目标。文献 [45] 综述了曲线类 HT-TBD 算法在声纳图像检测中的应用研究，表明了该类算法在声纳检测中的可行性。针对作机动运动水下目标的被动探测问题，本章探究曲线类 HT-TBD 算法在水下目标被动检测中的适用性。为了保证较高的检测概率，现有的曲线类 HT-TBD 算法往往需要在参数空间检测多维参数，限制了检测的时效性[112]。为了解决现有曲线类 HT-TBD 算法运算耗时量大的问题，借鉴坐标变换和随机采样的思路，采用随机 Hough 变换（RHT）[113]降低现有曲线类 Hough 变换参数空间的复杂度，保证检测概率同时提高运算时效性。因此，在低信噪比情况下，曲线 RHT-TBD 是检测水下机动运动目标的一种有效方法。然而，目前国内外文献检索表明，RHT-TBD 算法大多适用于主动声纳，但无法直接用于被动声纳检测。

针对声纳浮标阵对水下机动运动目标的被动检测问题，在分析水下目标典型机动运动模型基础上，充分利用 RHT-TBD 算法的优点，提出一类基于

AC-RA-DA 和典型机动运动 RHT-TBD 的检测算法。首先，分析了潜航器在执行海上作战任务时常采用的 3 种典型机动运动样式，构建了 3 类典型机动运动模型。其次，当水下目标做类圆弧运动时，研究了基于 AC-RA-DA 和类圆弧 RHT-TBD 的检测算法（The Detection Algorithm Based on AC-RA-DA and Circular RHT-TBD，C-RHT-TBD）；当水下目标做类抛物线运动时，研究了基于 AC-RA-DA 和类抛物线 RHT-TBD 的检测算法（The Detection Algorithm Based on AC-RA-DA and Parabolic RHT-TBD，P-RHT-TBD）；当水下目标做小舵角旋回运动时，研究了基于 AC-RA-DA 和小舵角旋回运动 RHT-TBD 的检测算法（The Detection Algorithm Based on AC-RA-DA and Small Rudder Angle Cyclic RHT-TBD，S-RHT-TBD）。最后，仿真验证了 C-RHT-TBD、P-RHT-TBD、S-RHT-TBD 3 种算法在对应典型机动样式下的有效性。

本章重点对做典型机动运动的水下单个目标被动检测进行研究。

5.1 水下目标典型机动运动模型集

水下目标机动运动通常是指通过变速、变向、变深来实现的。根据水下目标执行任务不同，大致可以分为矩形波运动、二次曲线运动、旋回运动等。其中，矩形波运动可以看作一定时间内航向不同的直线运动，采用第 4 章的检测方法可以有效检测；常见二次曲线运动轨迹又可分为类圆弧、类抛物线、类双曲线三类；旋回运动是一种集成了直线和圆弧类运动的典型水下目标运动方式。考虑类双曲线运动在实际中不常见，本节重点对常见的水下目标的类圆弧运动、类抛物线运动、旋回运动进行建模并分析。图 5-1 给出了水下目标机动运动大致分类。

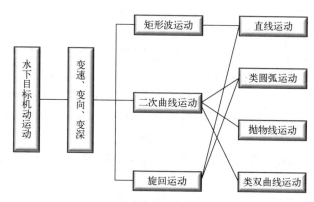

图 5-1 水下目标机动运动大致类型

考虑同深探测时声纳能够保持良好的探测性能,假定水下目标在二维平面内运动,给出了水下目标典型机动运动模型以及对应的时域离散系统模型。

5.1.1 类圆弧运动模型

水下目标的类圆弧运动轨迹是经过一定时间形成的,属于椭圆或圆周运动轨迹的一部分。椭圆运动的一个特例:当长轴和短轴相等、焦点相同时,椭圆运动即为圆周运动。协同转弯运动就是一种最常见的类圆弧运动,可以用 1/4 匀速圆周运动轨迹的来表征。图 5-2 显示了水下目标类圆弧运动轨迹示意图。带箭头的实曲线代表水下目标在一定时间内做类圆弧运动形成的轨迹。

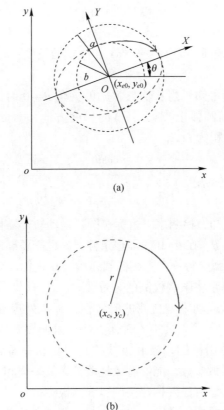

图 5-2 水下目标类圆弧运动轨迹示意图
(a) 椭圆弧运动;(b) 圆弧运动。

二次曲线一般表示式为

$$Ax^2+Bxy+Cy^2+Dx+Ey+F=0, \quad A,B,C \neq 0 \quad (5-1)$$

通过旋转运算，使二次项 xy 的系数 $B=0$，则有
$$A'x^2+C'y^2+D'x+E'y+F'=0, \quad A,C \neq 0 \tag{5-2}$$
通过两次平移运算，使一次项 x 的系数 $D'=0$，y 的系数 $E'=0$，则有
$$A'x^2+C'y^2+F''=0, \quad A,C \neq 0 \tag{5-3}$$
其中
$$F''=F'-D'^2/(4A')-E'^2/(4C')$$
当 $F'' \neq 0$，A' 和 C' 异号且与 F'' 异号，式（5-3）即为椭圆（圆）方程。

假设水下目标的运动轨迹与椭圆弧近似一致，当长轴与 X 轴的夹角 $\theta=0$ 时，椭圆弧的长轴、短轴分别平行于 x_e 轴、y_e 轴。椭圆 Hough 变换的参数方程可表示为
$$\frac{(x-x_{e0})^2}{a^2}+\frac{(y-y_{e0})^2}{b^2}=1 \tag{5-4}$$
式中：(x_{e0},y_{e0}) 为椭圆弧中心 O 的坐标；a 为短轴长度；b 为长轴长度；(x,y) 为椭圆弧上点。

根据 2.3.2.1 节可知，当长轴与 X 轴的夹角 $\theta \neq 0$ 时，满足 $\xi=\tan(\varphi-\theta-\pi/2)$，其中，$\varphi$ 为椭圆弧上点 (x',y') 的梯度方向角。此时，适用于椭圆弧 Hough 变换的参数方程为
$$(x_{e0},y_{e0})=\left(x' \pm \frac{a\cos\theta}{\sqrt{1+\frac{b^2}{a^2\xi^2}}}, y' \pm \frac{b\sin\theta}{\sqrt{1+\frac{a^2}{b^2\xi^2}}}\right) \tag{5-5}$$

由式（5-5）可知，检测水下目标椭圆弧运动轨迹需要确定 5 个参数，分别为 x_{e0}、y_{e0}、a、b、θ。在 $\theta=0$ 的理想条件下，也需要确定 4 个参数。考虑正负号存在，对于椭圆弧上每一个点，椭圆弧中心点坐标需要分别至少完成 4 次计算，而较大的计算量将限制检测的时效性。

为了改善椭圆弧运动模型检测的时效性，降维处理方法主要包括极和极线法[114]、对偶点法[115]等。其中，对偶点法要求椭圆弧满足对称条件，限制了其使用灵活性及应用范围。极和极线法通过随机采样两点和搜索一个点，组成 3 点来确定椭圆弧参数，能够有效地改善无效采样和无效累积。

采用极和极线法，首先要构建椭圆弧线的极和极线[114]。图 5-3 给出了椭圆弧线的极和极线示意图。在图 5-3 中，椭圆弧线的极为点 Q_{12}，此时，l_{Q1} 不平行于 l_{Q2}，其中，l_{Q1}、l_{Q2} 为椭圆弧线上点 Q_1、点 Q_2 处的切线。椭圆弧线的极线为弦线 $\overline{Q_1Q_2}$。点 Q_M 为点 Q_1 和点 Q_2 连线 $\overline{Q_1Q_2}$ 的中点，点 Q_G 为点 Q_M 和点 Q_{12} 连线的中点，点 Q_3 为点 Q_G 和点 Q_M 连线 $\overline{Q_GQ_M}$ 与弦线 $\overline{Q_1Q_2}$ 的交点。

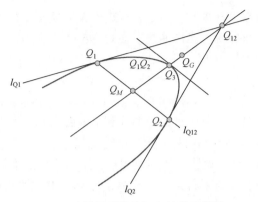

图 5-3 椭圆弧线的极和极线示意图

由文献 [114] 可知，切线 l_{Q1}、l_{Q2} 以及点 Q_1、点 Q_2 的连线 l_{Q12} 满足的参数方程为

$$\begin{cases} l_{Q1}(x,y) = u_1 x + v_1 y + w_1 = 0 \\ l_{Q2}(x,y) = u_2 x + v_2 y + w_2 = 0 \\ l_{Q12}(x,y) = u_3 x + v_3 y + w_3 = 0 \end{cases} \quad (5\text{-}6)$$

式中：u、v、w 为直线的参数。

经过点 Q_1、Q_2 的椭圆弧线簇可以表示为

$$\eta l_{Q12}(x,y) + l_{Q1}(x,y) l_{Q2}(x,y) = 0 \quad (5\text{-}7)$$

式中：η 为任意常数。

为了获取椭圆弧线参数，还需要在椭圆弧线上再取一点。如果连线 $\overline{Q_G Q_M}$ 存在一点 Q_S，满足 $|Q_S - Q_3| \leq \delta_d$，则认为点 Q_1 和点 Q_2 在同一圆弧上。联合式 (5-3) 和式 (5-6) 就可确定椭圆弧线。

圆弧运动作为椭圆弧运动的特例。由图 5-2（b）可以看出，对于圆弧上的任一点 (x_{ck}, y_{ck})，在参数坐标系 $x_c y_c r_c$ 中，对应参数图形如图 2-5 所示，圆弧 Hough 变换参数方程可表示为

$$(x_{c0} - x_{ck})^2 + (y_{c0} - y_{ck})^2 = r_{c0}^2 \quad (5\text{-}8)$$

式中：(x_{c0}, y_{c0})、r_{c0} 分别代表圆弧方程的圆心坐标和半径。

式 (5-8) 将数据空间圆弧上的一点变换为参数空间一个三维锥面，满足一一对应关系。如果同一圆弧的点集 $\{(x_{ci}, y_{ci})\}$ 对应参数空间的三维锥面集存在相同交点，那么，该交点的坐标与圆弧的圆心、半径也满足一一对应关系。

5.1.2 类抛物线运动模型

类抛物线运动也是水下目标经常采用的一种典型机动运动方式。例如，

在较狭长水域执行检查任务时，水下目标就经常采用类抛物线运动方式。

抛物线也是一种特殊的二次曲线。在式（5-2）中，如果 $A'=0$ 或 $C'=0$，不妨令 $C'=0$，再将曲线向右平移 $(D'/2A')$，式（5-2）变为

$$A'x^2+E'y+F'''=0 \tag{5-9}$$

式中：$F'''=F-D'^2/(4A')$。当 $E'=0$ 时，式（5-9）表示标准抛物线方程。

定义：抛物线是所有到焦点的距离和到准线距离相等的点集合[116]。

图 5-4 给出了水下目标任意方向的抛物线段轨迹示意图。由图 5-4 看出，在笛卡儿坐标系 xoy 中，抛物线的顶点为 (x_{p0}, y_{p0})，焦点坐标为 (x_{pb}, y_{pc})，对称轴为 l_p，焦点到准线的距离为 d_p，其中 d_p 又称为焦点参数[116]。

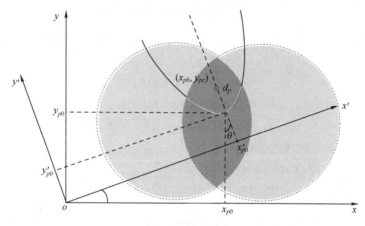

图 5-4　水下目标任意方向的抛物线段轨迹

在实际应用中，通常将标准抛物线方程通过坐标旋转，变换为抛物线最简单形式，再进行后续处理。即旋转抛物线段的对称轴，使之与坐标轴平行。这里以坐标系 xoy 的原点为圆心，逆时针旋转 θ，得到新的坐标系 $x'oy'$，使得 l_p 平行于 y' 轴。

在坐标系 $x'oy'$ 中，抛物线的顶点为 (x'_{p0}, y'_{p0})，抛物线段的方向用 θ 来表示，类抛物线 Hough 变换参数方程为

$$(x'-x'_{p0})^2-2d_p(y-y'_{p0})=0 \tag{5-10}$$

显然，对式（5-10）直接进行 Hough 变换检测抛物线段需要 4 个参数，分别为 x_{p0}、y_{p0}、θ、d_p，对应参数空间需要一个四维积累数组，过高的维数使得计算量和存储量呈指数增长，限制了检测的时效性。

在保证一定检测概率的前提下，保持较好的时效性是方法有效性的体现。降低维数是改善计算实时性的一个最直接有效的突破口。根据 2.3.3.3 节抛物线目标检测的快速算法，在检测作抛物线运动轨迹的水下目标时，检测参

数由 4 个变为 3 个，分别为 x_{p0}、y_{p0}、θ。此时，参数空间中对应的累加数组也由四维降低为三维。显然，有效地改善了检测时效性。

5.1.3 小舵角旋回运动模型

旋回运动也是水下目标最常用的一种机动样式。旋回运动是指做直航运动的水下目标保持舵角不变，此时，水下目标将偏离原航线而做旋回运动。图 5-5 显示了水下目标旋回运动示意图。如图 5-5 所示，潜航器水下旋回运动分为初始阶段（Ⅰ）、过渡阶段（Ⅱ）和定常阶段（Ⅲ）[117]。以潜航器水下旋回运动作为研究对象，构建水下机动运动模型，通常用 6 自由度方程及其运动关系来表示。在不考虑潜航器的横摇角、横摇角速度对其运动状态和位置变化影响的条件下，文献 [117] 通过修正潜航器水动力方程及水平面和垂直面的运动耦合系数，对潜航器机动方程进行优化。在这个基础上，参照文献 [118] 中欧拉角速率和全局位置表达式，将潜航器随时间变化的运动方程进一步推导，潜航器空间位置坐标为

$$\begin{bmatrix} x(t) \\ y(t) \\ z(t) \end{bmatrix} = \begin{bmatrix} x_0 \\ y_0 \\ z_0 \end{bmatrix} + \begin{bmatrix} \int v_x(t)\,\mathrm{d}t \\ \int v_y(t)\,\mathrm{d}t \\ \int v_z(t)\,\mathrm{d}t \end{bmatrix} \tag{5-11}$$

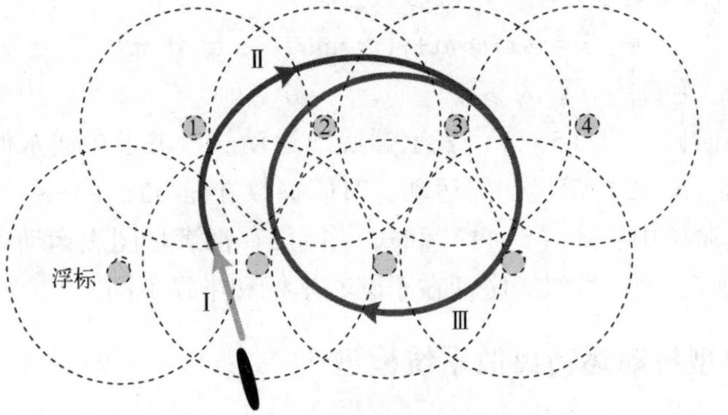

图 5-5　水下目标旋回运动示意图

其中

$$\begin{aligned} v_x(t) =\ & u_{c0} + u(t)\cos\psi(t)\cos\theta(t) \\ & + v(t)[\cos\psi(t)\sin\theta(t)\sin\phi(t) - \sin\psi(t)\cos\phi(t)] \\ & + w(t)[\cos\psi(t)\sin\theta(t)\sin\phi(t) + \sin\psi(t)\sin\phi(t)] \end{aligned}$$

$$v_y(t) = v_{c0} + u(t)\sin\psi(t)\cos\theta(t)$$
$$+ v(t)[\sin\psi(t)\sin\theta(t)\sin\phi(t) + \cos\psi(t)\cos\phi(t)]$$
$$+ w(t)[\sin\psi(t)\sin\theta(t)\sin\phi(t) - \cos\psi(t)\sin\phi(t)]$$
$$v_z(t) = w_{c0} - u(t)\sin\theta(t)$$
$$+ v(t)\cos\theta(t)\sin\psi(t) + w(t)\cos\theta(t)\cos\phi(t)$$

式中：$(x(t), y(t), z(t))$ 为潜航器的位置坐标；(x_0, y_0, z_0) 为初始坐标；(u_{c0}, v_{c0}, w_{c0}) 为初始速度；$u(t)$ 为纵向速度；$v(t)$ 为横向速度；$w(t)$ 为垂向速度；$\psi(t)$ 为航向角；$\theta(t)$ 为纵摇角；$\phi(t)$ 为横摇角。

在海峡航道附近执行抵近侦察任务时，潜航器采用小舵角旋回运动[117]。此时，潜航器的纵摇角、横摇角、航深可以认为基本保持不变，满足 $w(t)=0$，$\theta(t)=0$，$\phi(t)=0$。因此，近岸浅水条件下，潜航器旋回运动方程可近似表示为

$$\begin{bmatrix} x(t) \\ y(t) \end{bmatrix} = \begin{bmatrix} x_0 \\ y_0 \end{bmatrix} + \begin{bmatrix} \int(u_{c0} + u(t)\cos\psi(t) - v(t)\sin\psi(t))\mathrm{d}t \\ \int(v_{c0} + u(t)\sin\psi(t) + v(t)\cos\psi(t))\mathrm{d}t \end{bmatrix} \quad (5-12)$$

其中

$$\psi(t) = \arctan(v(t)/u(t))$$

在初始阶段，式（5-11）表示近似直线运动。考虑小舵角旋回运动，式（5-12）满足直线运动，对应参数方程为

$$\rho = x(t)\cos\alpha + y(t)\sin\alpha, \quad \alpha \in [0, \pi] \quad (5-13)$$

式中：(ρ, α) 为直线方程的参数。

在过渡阶段，式（5-11）表示螺旋线运动。考虑近岸浅水低速小舵角旋回运动，式（5-12）满足圆周运动，对应参数方程与式（5-8）相同。

在定常阶段中，式（5-11）和式（5-12）都满足圆周运动方程，对应参数方程与式（5-8）类似，区别在于圆心坐标和半径不同。

5.1.4 典型机动运动离散系统模型

考虑在同深探测时，声纳能够保持良好的探测性能，假定水下目标在二维平面内运动，水下目标机动运动的时域离散系统模型与式（5-1）形式一致，但对应状态矢量、状态转移矩阵、过程噪声分布矩阵、协方差矩阵以及量测矩阵需要重新推导。

在实际水下目标机动运动时，由于无法精确获取边角速度 ω，需要对其实时估计，因此，状态矢量 $\boldsymbol{X} = [x, \dot{x}, y, \dot{y}, \omega]^{\mathrm{T}}$，其中，$\ddot{x} = -\omega\dot{y}$，$\ddot{y} = \omega\dot{x}$，

$[x,y]$ 为位置矢量，$[\dot{x},\dot{y}]$ 为速度矢量，$[\ddot{x},\ddot{y}]$ 为加速度矢量。水下目标做机动运动时的状态转移矩阵满足

$$F_k = \begin{bmatrix} 1 & \dfrac{\sin(\omega T)}{\omega} & 0 & \dfrac{\cos(\omega T)-1}{\omega} & 0 \\ 0 & \cos(\omega T) & 0 & -\sin(\omega T) & 0 \\ 0 & \dfrac{1-\cos(\omega T)}{\omega} & 1 & \dfrac{\sin(\omega T)}{\omega} & 0 \\ 0 & \sin(\omega T) & 0 & \cos(\omega T) & 0 \\ 0 & 0 & 0 & 0 & 1 \end{bmatrix} \tag{5-14}$$

水下目标做机动运动时的过程噪声分布矩阵为

$$G_k = \begin{bmatrix} 0.5T^2 & T & 0 & 0 & 0 \\ 0 & 0 & 0.5T^2 & T & 0 \\ 0 & 0 & 0 & 0 & 1 \end{bmatrix}^{\mathrm{T}} \tag{5-15}$$

水下目标做机动运动时的协方差矩阵为

$$\begin{aligned} Q_k &= E\left[G_k v_k \cdot (G_k v_k)^{\mathrm{T}} \right] \\ &= \begin{bmatrix} 0.25T^4 & 0.5T^3 & 0 & 0 \\ 0.5T^3 & T^2 & 0 & 0 \\ 0 & 0 & 0.25T^4 & 0.5T^3 \\ 0 & 0 & 0.5T^3 & T^2 \end{bmatrix} \cdot q_k \end{aligned} \tag{5-16}$$

水下目标机动运动的量测矢量为 $Z_k = [x_k, y_k]$，对应的量测矩阵为

$$H_k = \begin{bmatrix} 1 & 0 & 0 & 0 & 0 \\ 0 & 0 & 1 & 0 & 0 \end{bmatrix} \tag{5-17}$$

根据水下目标在执行不同任务下的特点，重点分析了类圆弧运动模型、类抛物线运动模型、小舵角旋回运动模型在参数空间的 Hough 参数方程。通过极和极线变换、方位变换、矩阵变换等方法降低参数积累数组维数，从而提高了对水下机动运动目标检测的时效性。

5.2 基于 AC-RA-DA 和类圆弧运动 RHT-TBD 的检测算法

针对水下目标做类圆弧运动的被动检测问题，研究基于 AC-RA-DA 和类圆弧运动 RHT-TBD 的检测算法（C-RHT-TBD）。C-RHT-TBD 算法的基本思想[119]：采用 AC-RA-DA 算法对声纳浮标检测组获取的量测数据进行检测预处理；以预处理后的数据为基础构建数据矩阵，同时构建初始值为零的参数

积累矩阵；对数据空间中随机3点做正 Hough 变换得到参数空间对应的曲线，根据类圆弧运动随机 Hough 变换方程计算类椭圆弧参数；在参数空间进行点数积累、能量积累、参数点合并；设置点数阈值和能量阈值对参数点进行阈值检测；如果未通过阈值，则重复上述过程；通过阈值判决、逆 Hough 变换得到初始航迹；对于初始航迹点数少于采样次数情况，采用外插内推方法确保检测航迹的完整度；根据速度和航向约束条件对初始航迹进行相同点迹合并和虚假点迹剔除；最终得到检测航迹，即完成水下作类圆弧运动目标的被动检测。图 5-6 给出了 C-RHT-TBD 检测流程图。

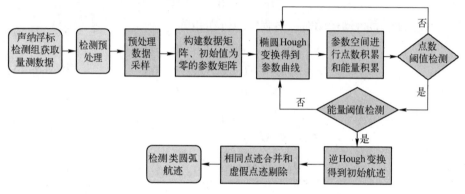

图 5-6　C-RHT-TBD 检测流程图

5.2.1　C-RHT-TBD 检测算法

C-RHT-TBD 检测算法的流程步骤如下。

步骤 1：检测预处理声纳浮标检测组获取量测数据，得到预处理数据。

步骤 2：类圆弧参数空间初始化。设置类圆弧参数空间单元的大小和颗粒度分别为 (b,c,d)、$(\Delta b,\Delta c,\Delta d)$，离散化类圆弧参数空间得到三维空间参数单元 $[b_i,c_j,d_k]$，其中，i、j、k 为对应的参数单元的个数，即

$$\begin{cases} b_i = \left(l - \dfrac{1}{2}\right) \cdot \Delta b, & i = 1,2,\cdots,N_b \\ c_j = \left(l - \dfrac{1}{2}\right) \cdot \Delta c, & j = 1,2,\cdots,N_c \\ d_k = \left(l - \dfrac{1}{2}\right) \cdot \Delta d, & k = 1,2,\cdots,N_k \end{cases} \quad (5\text{-}18)$$

构造参数累积矩阵 $\{A(b_i,c_j,d_k)\}$ 和能量累积矩阵 $\{E(b_i,c_j,d_k)\}$，初始值为 0。

步骤 3：类圆弧随机 Hough 变换。从降维处理后的测量数据集中随机采样 3 个数据点 $[z_{n1}, z_{n2}, z_{n3}]$。将随机采样点代入式（5-5），计算三点集 (b_i, c_j, d_k)，得到对应的椭圆参数。

步骤 4：两级参数积累。如果参数存在，则参数累加数组为

$$A(b_i, c_j, d_k) = A(b_i, c_j, d_k) + 1 \tag{5-19}$$

同时，将三点集合所包含的能量进行累加，储存在能量累加阵 $E(b_i, c_j, d_k)$ 之中。

步骤 5：两级阈值判决。当参数累加数组中某个参数 $A(b_i, c_j, d_k)$ 的累加次数超过点阈值 δ_1，且对应能量数组中的能量值 $E(b_i, c_j, d_k)$ 大于阈值 δ_2 时，提取该参数单元对应的所有数据点。当采样次数小于预设次数时，重复步骤 3~步骤 5；当预设次数小于采样次数且新参数没有被检测到时，则停止循环。

步骤 6：点迹检测优化。通过阈值判断的相同数据点按时间顺序合并，剔除不满足速度、角度等约束的数据点，从而获得最佳检测点迹。

根据上述步骤，C-RHT-TBD 检测算法流程见算法 5.1。

算法 5.1：C-RHT-TBD 检测算法

输入：声纳浮标检测组获取量测数据
1　检测预处理，得到预处理数据
2　根据预处理数据构建数据点集 D_c，同步构建参数单元集 P_c，设置循环次数 $n_k = 0$
3　随机选取数据点迹 D_c 中两点 D_1、D_2
4　If $|D_1 D_2| \geq \delta_d$ & $|\alpha_1 \alpha_2| \geq \delta_\alpha$
5　　If $D_3 \in \overline{MG}$
6　　　If $|\alpha_{l3} - \alpha_3| \leq \alpha_{lol}$
7　　　　根据公式计算 D_1、D_2、D_3 所取得的二次曲线参数 p_c
8　　　　If p_c 存在且满足椭圆弧定义
9　　　　　If $\|p - p_c\| \leq \delta_p (p_c \in P_c)$
10　　　　　$n_{\text{score}} = n_{\text{score}} + 1$，$p_c$ 更新
11　　　　　If $n_{\text{score}} < \delta_{N_t}$
12　　　　　　$n_k = n_k + 1$
13　　　　　　If $n_k > n_{k_{\max}}$
14　　　　　　　得到椭圆弧参数

15	Else
16	转到位置3,重新随机选取两点,重复上述步骤
17	End
18	Else
19	p_c 为候选椭圆 C_e 的参数
20	If 落在 C_e 的点数/C_e 的总点数 $\geq \delta_\gamma$
21	检测到参数为 p_c 的椭圆弧轨迹
22	Else
23	将 p_c 从 P_c 中删除,转到位置3,重复上述步骤
24	End
25	End
26	Else
27	将 p 插入 P_c 中,令 $n_{score}=1$,转到位置11
28	End
29	Else
30	转到位置11
31	End
32	Else
33	转到位置11
34	End
35	Else
36	转到位置11
37	End
38 Else
39   转到位置3,重新随机选取两点,重复上述步骤
40 End

输出 水下目标类圆弧轨迹

5.2.2 RHT 运算复杂度及有效率分析

5.2.2.1 RHT 运算复杂度分析

在 C-RHT-TBD 算法中,AC-RA-DA 算法的运算量与初始航迹数有关,在较短初始观测时刻内，AC-RA-DA 算法的运算量相比于 RHT-TBD 算法的运算量，可以近似忽略。为了说明算法的性能，在理论上将类圆弧 RHT-TBD 算法[120]和 PFS-TBD 算法[121]的运算复杂度对比分析。

根据文献［94］可知，RHT-TBD 算法的运算复杂度最大值为 $O(l_t m^w/m_{\min}^w)$。其中，m 为数据空间单元数，l_t 为映射系数，$m_{\min}^w$ 为数据空间单元中包含目标的量测点数，w 为参数空间的维数。在圆周检测中 $w=3$，在直线检测中 $w=2$，l_t 为方位变换的角度数，因此，本节中类圆弧 RHT-TBD 算法复杂度上限近似为 $O(l_t m^3/m_{\min}^3)$，满足 $O(l_t m^3/m_{\min}^3) \leqslant O(l_t m^3)$，即其复杂度只取决于数据空间单元数。文献［122］中给出了 PFS-TBD 算法的运算复杂度下限，下限值为 $O(n_{\text{PFS}}^2)+O(m^3)$，其中，为随机采样粒子数。可以看出，该算法的运算复杂度还与 n_{PFS} 相关。

综上分析可知，当随机粒子数较小时，类圆弧 RHT-TBD 算法与 PFS-TBD 算法的运算复杂度处于同一数量级；但随着 n_{PFS} 增加，PFS-TBD 算法的运算复杂度将大于 RHT-TBD 算法的运算复杂度。此外，本章 3 种典型机动运动 RHT-TBD 算法通过降维处理后的运算复杂度处于同一数量级。

5.2.2.2 RHT 算法有效率分析

假设在声纳浮标检测组预处理后的量测点集中包含 S_R 个目标点和随机分布的 N_R 个噪声点。量测点集中的总点数为 $M_R=S_R+N_R$。

在 RHT 中，当积累矩阵中的峰值达到阈值时停止循环运算，其本质是一种自适应停止规则，也称为逆采样规则[123]。在以下分析中，将循环次数 p_R 作为一个参数。随机选择 p_R 对量测点参与积累。其中，将共线两个量测点作为一对，令 l_R 表示两点共线的对数。如果 RHT 存在任一情况，则认为无效。

情况 1：当 $l_R \leqslant 1$ 时。即使当 $l_R = 1$ 时，无法将属于该线的点对与所有其他点对区分开来。因此，应保证 $l_R \geqslant 2$。

情况 2：当 $l_R \geqslant 2$ 时，但参与循环的其他（例如非线性）对中的两个（或更多）定义的线参数意外重合。

由于两个非线性对的随机共线对齐的概率为 0，因此，只要 RHT 循环次数很小，就可以认为概率可以忽略不计。假设 RHT 仅在 $l_R \leqslant 1$ 时才会失败。因此，RHT 成功的概率为

$$P_s(l_R \leqslant 1) = 1 - \sum_{k=0}^{1}\binom{p_R}{k}\left[\left(\frac{S_R}{M_R}\right)^2\right]^k\left[1-\left(\frac{S_R}{M_R}\right)^2\right]^{p_R-k} \quad (5-20)$$

考虑经过声纳检测组预处理后的量测点的实际位置与其真实位置存在偏

差。构建近似模型便于定量分析,当 $\alpha S_R(0<\alpha<1)$ 个实际量测点与理想直线的距离足够近,则认为位于同一直线,而其余点可以添加到随机定位的噪声点组中。在该近似模型中,RHT 成功的概率为

$$P_s(l_R \leqslant 1) = 1 - \sum_{k=0}^{1} \binom{p_R}{k} \left[\left(\frac{\alpha S_R}{M_R}\right)^2\right]^k \left[1 - \left(\frac{\alpha S_R}{M_R}\right)^2\right]^{p_R-k} \quad (5-21)$$

通常假设线检测满足 $(\alpha S_R/M_R)^2 \ll 1$,RHT 的性能取决于 l 的期望值 $p(\alpha S_R/M_R)^2$。如果 RHT 存在以下任一情况,则认为无效。

情况 1:当 RHT 积累次数 p_R 太小,对应 $p(\alpha S_R/M_R)^2 \ll 1$。在这种情况下,RHT 成功的概率接近为 0,即

$$P_s(l_R \leqslant 1) \approx p\left(\frac{\alpha S_R}{M_R}\right)^2 \approx 0 \quad (5-22)$$

情况 2:当 RHT 积累次数 p_R 足够大,对应 $p(\alpha S_R/M_R)^2 \gg 1$。这是 RHT 的正常操作域。在这种情况下,RHT 成功的概率为

$$P_s(l_R \leqslant 1) \approx 1 - \left[1 - p\left(\frac{\alpha S_R}{M_R}\right)^2\right]^{p_R-1} \cdot p\left(\frac{\alpha S_R}{M_R}\right)^2 \quad (5-23)$$

通过继续计算 RHT 积累次数(即对 p_R 的数量)必须有多大才能获得一些小的成功概率 $\aleph$。从式(5-22)开始,使用恒等式 $a^{p_R} = e^{p_R \ln a}$ 和一阶泰勒近似 $\ln(1+x) \approx x$(对小 $|x|$ 成立),得到

$$\aleph \approx 1 - e^{-b} \quad (5-24)$$

其中

$$b = p(\alpha S_R/M_R)^2$$

因此,本章研究的 3 种典型机动运动 RHT-TBD 算法在应用过程中,应满足上述有效率分析的条件。

5.2.3 算法性能分析

5.2.3.1 参数设置

设水下目标初始位置为(9.5km,7.0km),初始航向为60°,航速平均值为10m/s。声纳浮标组由 3 枚浮标组成,浮标 1 位置为(6.3km,5.7km)、浮标 2 位置为(9.3km,10.1km)、浮标 3 位置为(12.3km,5.7km),为了保证高效的运算时间和有效的检测概率,探测时间为 200s,采样次数为 5 次,采样周期为 20s;随机 Hough 变换重复次数为 30000 次[124]。检测概率规定和其他参数设置见 5.2.2.1 节。

5.2.3.2 算法可行性验证

在噪声密度 $\lambda = 100$、SNR = 5dB、测角误差为 0.5° 的条件下进行仿真实验。首先，对声纳浮标观测数据进行交叉定位预处理，$\lambda = 100$ 时噪声与目标点迹分布如图 5-7（a）所示；其次，根据 5.2.1 节步骤对自适应交叉定位预处理后的数据进行处理，$\lambda = 100$ 时检测结果图 5-7（b）所示。图 5-7 表明了 C-RHT-TBD 算法对水下目标检测的可行性。

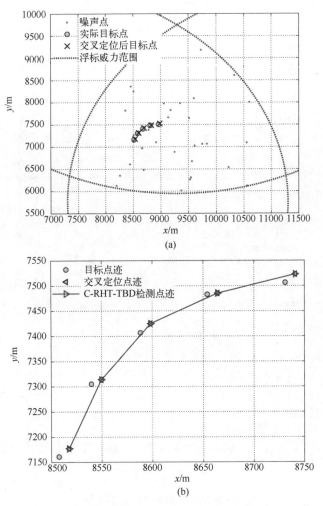

图 5-7　$\lambda = 100$ 时检测示意图

（a）噪声与目标点迹分布；（b）检测结果。

在其他参数不变条件下,增加噪声密度 $\lambda=200$ 进行仿真实验。$\lambda=200$ 时噪声与目标点迹分布如图 5-8(a)所示,对应的检测结果如图 5-8(b)所示。由图 5-8 可知,在增加噪声密度后,C-RHT-TBD 算法在复杂水声环境下仍然能够对目标点迹进行有效检测。

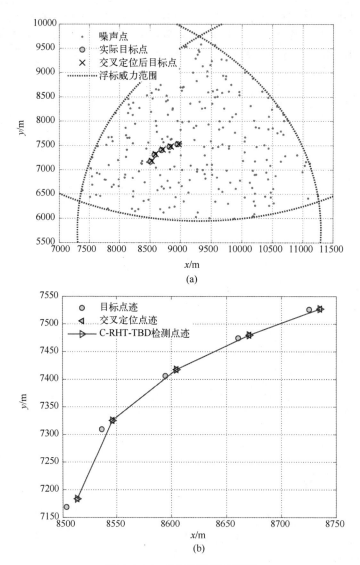

图 5-8　$\lambda=200$ 时检测示意图

(a) 噪声与目标点迹分布;(b) 检测结果。

为进一步验证 C-RHT-TBD 算法的可行性,在噪声密度 $\lambda=200$、信噪比为 1~10dB 的条件下进行仿真验证。其他条件与 5.2.3.1 节相同。SNR=1~10dB 的检测结果如图 5-9 所示。由图 5-9 可知,随着信噪比由 1dB 增加至 10dB,C-RHT-TBD 算法检测概率随着增大。在信噪比为 5dB 时,C-RHT-TBD 算法平均检测概率能够达到 60%。因此,在复杂水声环境下,C-RHT-TBD 算法对低可探测性水下目标仍具有较好的检测性能。

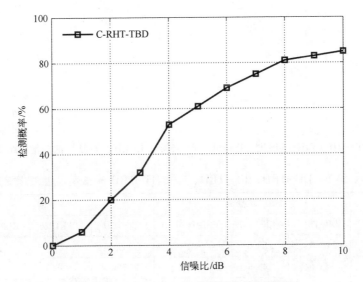

图 5-9 SNR=1~10dB 条件下的检测结果

5.2.3.3 算法有效性验证

为进一步验证 C-RHT-TBD 算法的检测性能,在信噪比分别为 3dB、5dB、10dB 的条件下,采用 DP-TBD[51] 算法、PF-TBD[66] 算法和 C-RHT-TBD 算法进行检测性能对比分析。图 5-10 给出了信噪比为 5dB 时,3 种算法的检测结果。表 5-1 给出了 3 种信噪比下,3 种算法的平均检测误差和运行时间。其中,噪声密度 $\lambda=200$、测角误差为 0.5°,DP-TBD 算法和 PF-TBD 算法的其他参数设定分别与文献 [51] 和文献 [66] 一致,C-RHT-TBD 的参数设置与 5.2.3.1 节一致。

由图 5-10 可知,3 种算法检测点迹变化趋势与水下目标的真实点迹相一致,说明 3 种算法都能对水下目标进行有效检测。通过表 5-1 可以进一步得知:

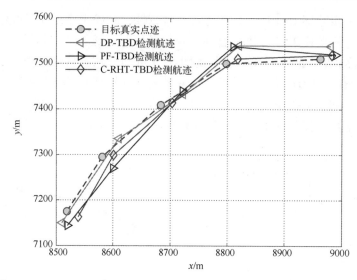

图 5-10　SNR=5dB 时 DP-TBD、PF-TBD、C-RHT-TBD 算法的检测结果

表 5-1　DP-TBD、PF-TBD、C-RHT-TBD 算法检测性能比较

信噪比 dB	平均误差/m			平均时间/s		
	DP-TBD	PF-TBD	C-RHT-TBD	DP-TBD	PF-TBD	C-RHT-TBD
3	67.5	63.6	61.3	38.3	37.2	35.1
5	53.6	43.4	43.1	36.1	35.0	33.9
10	48.1	38.3	39.8	35.0	33.9	32.8

（1）DP-TBD、PF-TBD、C-RHT-TBD 3 种算法的检测平均误差，随着信噪比的增加而降低。PF-TBD 方法在高信噪比时，检测性能好于 DP-TBD、C-RHT-TBD 算法；C-RHT-TBD 方法在 SNR=3dB 时，检测性能最好，此时，检测误差分别比 DP-TBD 算法和 PF-TBD 算法降低了 9.1% 和 3.6%。这是因为 PF-TBD 算法在信噪比较低时，粒子权重收敛较慢，从而导致检测性能变差；DP-TBD 算法检测性能取决于选取合适的值函数，而值函数的基础值、当前状态的最优路径的不确定性都会引起检测性能变差；C-RHT-TBD 算法在参数空间中设置多判决门限，并且通过点迹优化来提高检测性能。

（2）DP-TBD、PF-TBD、C-RHT-TBD 3 种算法的平均运行时间，随着信噪比的增加而减少。C-RHT-TBD 算法的时效性要优于另外两种算法，在信噪比为 3dB 时，耗时分别比 DP-TBD 算法、PF-TBD 算法降低了 8.3%、5.7%。这是因为 PF-TBD 算法为了获取较高的检测概率，需要更多的粒子数，而粒子采样数过高会伴随着较高计算量；DP-TBD 算法采用批处理技术来保证恒虚假轨迹概率，引起检测延时；由于采用随机 Hough 变换，C-RHT-TBD 算法的时效性略好于 DP-TBD 算法、PF-TBD 算法。

与 PF-TBD 算法、DP-TBD 算法相比，C-RHT-TBD 算法的整体检测性能优于前两者。

本节提出一种基于 AC-RA-DA 和类圆弧运动 RHT-TBD 的被动检测算法（C-RHT-TBD），解决了航空被动定向浮标声纳阵对水下类圆弧运动目标的检测问题。当信噪比不高于 5dB、测角误差小于 0.5°、复杂水下噪声的条件下，C-RHT-TBD 算法对水下类圆弧运动目标的平均检测概率，达到 60% 以上。C-RHT-TBD 算法的检测性能优于现有的 DP-TBD 算法、PF-TBD 算法。在信噪比为 3dB 时，C-RHT-TBD 算法检测误差和平均耗时分别比上述两种方法降低了 3.6% 和 5.7% 以上。

5.3 基于 AC-RA-DA 和类抛物线运动 RHT-TBD 的检测算法

为了实现对作类抛物线运动水下目标的被动检测，提出一种基于 AC-RA-DA 和类抛物线运动 RHT-TBD 的检测算法（P-RHT-TBD）。P-RHT-TBD 方法的基本思想：首先，根据第 3 章所研究的 AC-RA-DA 算法，对声纳浮标检测组获取的量测数据进行检测预处理；其次，构建数据空间和参数空间并对参数空间做初始化处理；再次，根据类抛物线运动随机 Hough 变换方程计算抛物线参数，先后进行参数积累和阈值判决，并根据判决的参数单元回溯求解对应的初始检测点迹；最后，借助检测优化技术，改善初始检测点迹的有效性和可靠性，即完成了作类抛物线运动的水下目标的被动检测。图 5-11 给出了 P-RHT-TBD 检测流程图。

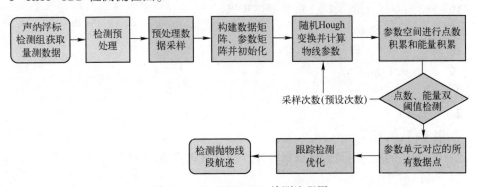

图 5-11　P-RHT-TBD 检测流程图

5.3.1　P-RHT-TBD 检测算法

根据 5.2.1 节步骤，将类圆弧 RHT 参数方程用类抛物线 RHT 参数方程代替计算抛物线参数，重复步骤 3~步骤 5，遍历预设次数，对检测点迹进行去噪和合并，得到有效检测。算法 5.2 给出了 P-RHT-TBD 检测算法流程。

算法 5.2：P-RHT-TBD 检测算法

输入：声纳浮标检测组获取量测数据
1　检测预处理，得到预处理数据 Z
2　构建参数空间，并对其初始化、离散化处理
3　构造参数累积矩阵和能量积累矩阵，并对其初始化处理
4　随机选择 3 个数据点 $[z_{n1}, z_{n2}, z_{n3}]$ 代入式（2-22），计算抛物线参数
5　For $i=1$ to n_i
6　　For $j=1$ to n_j
7　　　For $k=1$ to n_k
8　　　　参数积累矩阵 $\boldsymbol{A}(b_i, c_j, d_k)$ 和 $\boldsymbol{E}(b_i, c_j, d_k)$ 进行次数和能量累加
9　　　End
10　　End
11　End
12　If $\boldsymbol{A}(b_i, c_j, d_k)$ 对于阈值 δ_1
13　　If $\boldsymbol{E}(b_i, c_j, d_k)$ 大于阈值 δ_2
14　　　满足阈值判决参数点经 Hough 逆映射，得到数据点
15　　　If 采样次数小于预设次数
16　　　　重采样，重复上述步骤
17　　　Else
18　　　　得到数据点集 1
19　　　End
20　　End
21　End
22　If $k=1:N_k$
23　　同一时刻相同数据点集合并，得到数据点集 2
24　End
25　If 满足速度、角度等约束条件

26   保留数据点,得到数据点集 3
27   End
输出:水下目标类抛物线轨迹点

5.3.2 算法性能分析

5.3.2.1 参数设置

水下目标的初始位置为(9.5km,7.0km),初始航向为60°,平均速度为 10 m/s。在声纳浮标覆盖阵列中,$N=2$,$M=3$,初始浮标位置为(0.3km, 5.7km)。从4.3.2节可以看出,声纳浮标组对应的位置分别为(6.3km, 5.7km)、(9.3km,10.1km)、(12.3km,5.7km)。假设水下目标运动航迹的对称轴方向为90°,情况1为20000个随机样本,情况2为30000个随机样本。检测概率规定及其他参数设置与5.2.3.2节保持一致。

5.3.2.2 方法可行性验证

在5.3.2.1节的条件下,使用5.3.1节的检测步骤,在两种情况下对声纳浮标阵接收数据进行处理。图5-12显示了两种情况下目标的最优点迹示意图。

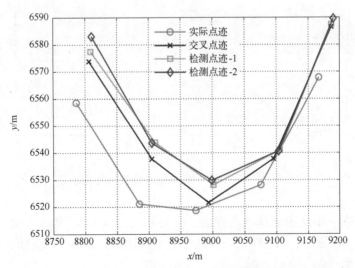

图 5-12 不同随机样本下的检测点迹

从图 5-12 可以看出，情况 1 和情况 2 对应的检测到的点迹，与目标的真实点迹是不完全重合的，但两者的变换趋势是一致的。这是因为声纳测角误差的存在会影响交叉定位的准确性，进而影响交叉定位的准确性检查效果。从图 5-13 也可以看出，情况 2 中检测到的点迹与目标真实点迹的重合度较高，说明增加随机采样次数可以提高检测效果。此外，情况 1 中的变换方位约为 89°，情况 2 中的变换方位约为 90.5°。可以看出，P-RHT-TBD 算法在两种情况下都能较好地检测出目标点迹的对称轴角，但情况 2 更接近真实值。由此可知，检测准确率是随着随机采样次数越多而越准确。

5.3.2.3　方法有效性验证

随机抽样 30000 次，蒙特卡罗仿真 1000 次，得到 SNR＝1～10dB 时目标检测概率曲线，如图 5-13 所示。由图 5-13 可以看出，随着信噪比由 1 B 增加 10dB，P-RHT-TBD 算法的检测概率随之提高。尤其当信噪比大于 5dB 时，P-RHT-TBD 算法检测概率不低于 60%。

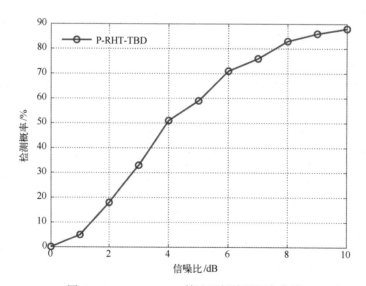

图 5-13　P-RHT-TBD 算法目标检测概率曲线

为了进一步验证该算法的性能，在信噪比为 [1dB, 10dB] 范围内，对 P-RHT-TBD 算法、PF-TBD[66] 算法进行了对比仿真分析。PF-TBD 算法参数设置与文献 [66] 保持一致。

图 5-14 给出了 P-RHT-TBD、PF-TBD 两种算法的平均跟踪误差。从

图 5-14 可以看出,P-RHT-TBD、PF-TBD 两种算法的检测性能,随着信噪比的增加而提高。PF-TBD 算法当信噪比较高时性能较好,但 P-RHT-TBD 算法在信噪比较低时,检测性能优于 PF-TBD 算法。这是因为当信噪比较低时,粒子权重收敛较慢,而 PF-TBD 算法的目标跟踪是粒子状态的加权平均,导致检测性能变差。P-RHT-TBD 算法采样双门限判决和点迹关联处理,保留较好的检测概率。

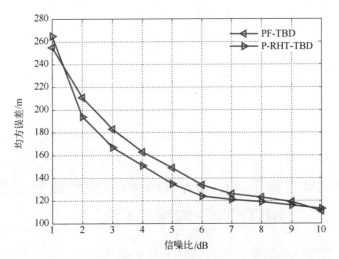

图 5-14 P-RHT-TBD、PF-TBD 算法的平均跟踪误差

P-RHT-TBD、PF-TBD 两种算法的运行时间如图 5-15 所示。从图 5-15 可以看出,P-RHT-TBD、PF-TBD 算法的平均执行时间,随着信噪比的增大而降低,而在相同信噪比条件下,P-RHT-TBD 算法平均执行时间小于 PF-TBD 算法。PF-TBD 算法平均执行时间多的原因与 5.2.3.3 节分析相一致。P-RHT-TBD 算法采样方位变换和随机采样的思路,在具备较好的检测概率同时改善了运算时效性。因此,P-RHT-TBD 算法的检测性能总体上好于 PF-TBD 算法。

本节提出了一种基于 AC-RA-DA 和抛物线运动 RHT-TBD 的检测算法,解决了航空被动定向浮标声纳阵对水下类抛物线运动目标的检测问题。采用方位变换和随机采样的思路,降低了类抛物线 RHT 参数空间的维数,改善了 P-RHT-TBD 的实时处理性能。仿真结果表明,在较低信噪比条件下,P-RHT-TBD 算法整体性能优于文献 [66] 中的 PF-TBD 算法。

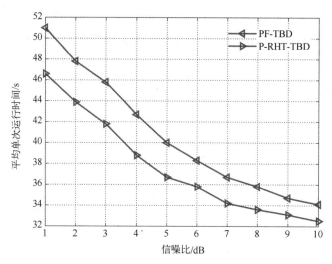

图 5-15 PF-TBD、P-RHT-TBD 算法的运行时间

5.4 基于 AC-RA-DA 和小舵角旋回运动 RHT-TBD 的检测算法

为了实现对作小舵角旋回运动水下目标被动检测，提出一种基于 AC-RA-DA 和小舵角旋回运动 RHT-TBD 的检测算法（S-RHT-TBD）。

针对水下目标做小舵角旋回运动，被检测数据的完整度会直接影响检测性能。在检测预处理之前，需要对浮标阵量测数据进行采样，对于不完整数据采用内插外推方法进行补齐。S-RHT-TBD 算法的基本思想：根据目标运动参数预判潜航器的运动状态，自动匹配 RHT-TBD 算法；以检测预处理后的数据构建数据矩阵，同时建立对应维数的参数积累矩阵并初始化；从数据矩阵中随机抽取对应数目、不同的时刻量测，经自适应随机 Hough 变换正映射到对应参数空间，根据对应的随机 Hough 变换方程计算相应的运动模型参数，在参数空间进行点数和能量双积累、参数点剔除合并；设置点数和能量判决门限对参数点进行门限检测；如果判决未通过，则重复上述过程；对通过门限判决的参数点做随机 Hough 变换逆映射，得到水下目标的初始点迹；之后，根据目标运动参数对初始点迹进行优化，最终得到检测航迹，即实现对水下目标的检测。图 5-16 给出了小舵角旋回 RHT-TBD 检测流程图。当匹配到初始阶段检测时，采用 RHT-TBD 改善 NDT-HT-TBD 检测算法的时效性。

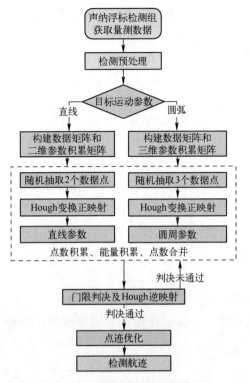

图 5-16 S-RHT-TBD 检测流程

5.4.1 S-RHT-TBD 检测算法

本节以水下目标做圆周运动为例展开介绍，初始阶段检测仅是随机 Hough 变换参数方程、参数积累矩阵等不同。S-RHT-TBD 检测算法的流程步骤如下。

步骤 1：检测预处理声纳浮标检测组获取量测数据，得到预处理数据。

步骤 2：构建数据矩阵和参数积累矩阵。

根据 K 个时刻声纳浮标组交叉定位预处理后的量测点，构建数据矩阵 D，即

$$D = \{A_1, A_2, \cdots, A_K\} \tag{5-25}$$

其中

$$A_k = [X_{k1}, X_{k2}, \cdots, X_{kn_k}], \quad k = 1, 2, \cdots, K$$

构建三维参数积累矩阵 P、能量积累矩阵 Q，并对上述积累矩阵初始化。其中，参数积累矩阵用于存储经圆周随机 Hough 变换后参数点出现次数的积

累数据,而能量积累矩阵用于存储经对应的能量积累数据。

步骤3:积累及合并。

(1) 圆周随机Hough变换正映射。随机在数据矩阵D中选取3个各不相同的元素,作为一组数据(X_a, X_b, X_c),其中,$X_a \in A_i(i=1,2,\cdots,K)$,$X_b \in A_j$($j=1,2,\cdots,K$),$X_c \in A_k(k=1,2,\cdots,K)$,且$i \neq j \neq k$。根据式(5-25)可知,在数据空间中,对$(X_a, X_b, X_c)$做圆周Hough变换,获得一个确定的参数点$p_i = (x_{ci}, y_{ci}, r_{ci})$,即

$$\begin{cases} r_i^2 = (x_{ci} - x_a)^2 + (y_{ci} - y_a)^2 \\ r_i^2 = (x_{ci} - x_b)^2 + (y_{ci} - y_b)^2 \\ r_i^2 = (x_{ci} - x_b)^2 + (y_{ci} - y_b)^2 \end{cases} \quad (5-26)$$

式中:$(x_a, y_a) = (X_a(1), X_a(2))$;$(x_b, y_b) = (X_b(1), X_b(2))$;$(x_c, y_c) = (X_c(1), X_c(2))$。此时,参数点$p_i$出现次数为$P(p_i) = 1$,对应的能量$E(p_i) = X_a(3) + X_b(3) + X_c(3)$。

(2) 点数和能量积累。重复步骤3一定次数,将得到的参数点p_i先后完成点数积累和能量积累,并分别存储到对应的参数积累矩阵P、能量积累矩阵Q,即

$$\begin{cases} P(p_i) = P(p_i) + 1 \\ Q(p_i) = Q(p_i) + E(p_i) \end{cases} \quad (5-27)$$

(3) 参数点合并。由于存在量测误差,对通过积累后的参数点进行合并。设置距离门限δ_d,当两个确定参数点p_i、p_j之间的欧氏距离小于δ_d时,可认为其来自同一个圆周,即

$$|p_i - p_j| < \delta_d \quad (5-28)$$

取两个参数点的能量较大者作为新的参数点p^*,并将其代替原来的参数点,同时将对应的积累点数加1,同步更新能量积累矩阵。

$$p^* = \max\{E(p_i), E(p_j)\} \quad (5-29)$$

步骤4:门限判决及回溯。

(1) 能量判决和点数判决。设置参数点积累门限δ_P、设置能量积累门限δ_Q,先对参数点p_i的点数积累值进行判决,再对能量积累值进行门限检测。门限检测判决条件为

$$\begin{cases} P(p_i) > \delta_P \\ Q(p_i) > \delta_Q \end{cases} \quad (5-30)$$

当参数点p_i的积累值满足式(5-30)时,得到相应的参数点集$\{p_i^* =$

$(x_{pi}^*, y_{pi}^*, P_i^*) | i = 1, 2, \cdots, N_t\}$,其中,$N_t$ 为检测到未知目标数。如果门限判决未通过,则重复上述步骤。

(2)随机 Hough 变换逆映射。如果判决通过,则对参数点集进行圆周随机 Hough 变换逆映射,得到数据矩阵中的数据点对集合$\{Y_{ij} = (X_{aij}^*, X_{bij}^*) | j = 1, 2, \cdots, M_i, i = 1, 2, \cdots, N_t\}$,其中,$M_i$ 为对应目标 i 的数据点对数。根据时间观测顺序,形成初始检测航迹。

步骤 5:点迹优化及数据矩阵更新。

针对初始航迹中可能存在重复的点迹和虚假点迹的现象,按照时间顺序遍历初始检测航迹集合,对相同的点迹进行合并;同时,对不满足目标速度和航向条件的虚假点迹进行剔除。最终,得到检测航迹标志着实现对水下目标的有效检测。完成航迹检测后,便可将数据矩阵中的已选取的数据点删除,同时删除对应参数数组中参数点,通过更新数据矩阵,提高实时检测的效率。

5.4.2 算法性能分析

5.4.2.1 噪声密度对检测性能影响

采用 5.2.2.1 节参数设置,在噪声密度 $\lambda = 100$、SNR = 5dB、测角误差为 $0.5°$ 的条件下进行仿真实验。首先对声纳浮标观测数据进行交叉定位预处理,噪声与目标点迹分布如图 5-17(a)~(c)所示;其次,根据 5.4.1 节步骤对预处理后的数据进行处理,得到图 5-17(d)~(f)所示的检测结果。图 5-17(d)~(f)表明了 S-RHT-TBD 算法对水下目标检测的可行性。

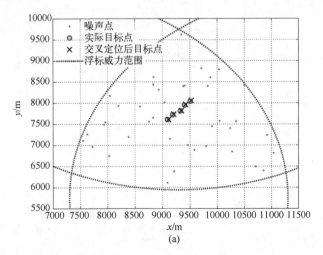

(a)

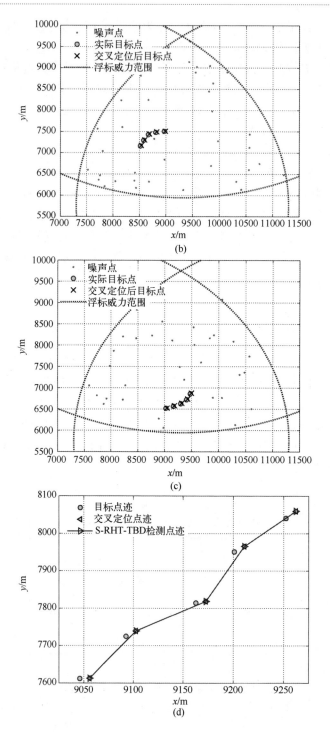

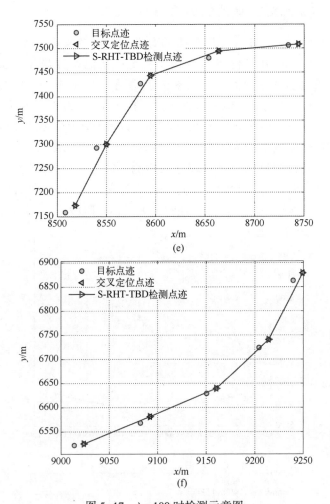

图 5-17 $\lambda=100$ 时检测示意图

(a) 阶段 1 初始;(b) 阶段 2 过渡;(c) 阶段 3 定常;
(d) 初始阶段检测结果;(e) 过渡阶段检测结果;(f) 定常阶段检测结果。

在其他参数不变的条件下,增加噪声密度 $\lambda=200$ 进行仿真实验。$\lambda=200$ 时的噪声与目标点迹分布如图 5-18 (a)~(c) 所示,检测结果如图 5-18 (d)~(f) 所示。由图 5-18 (d)~(f) 可知,在增加噪声密度后,S-RHT-TBD 算法在复杂水声环境下仍然能够对目标点迹进行有效检测。

5.4.2.2 信噪比对检测性能影响

为进一步验证 S-RHT-TBD 算法的有效性,保持噪声密度、测角误差不变,在信噪比 1~10dB 条件下进行仿真验证。其他条件与 5.2.3.1 节相同。SNR=1~10dB 条件下的检测结果如图 5-19 所示。由图 5-19 可知,随着 SNR 由小变大,3 个阶段的检测概率随着增大。在 SNR=5dB 时,水下目标在初始阶段被检测到的平均检测概率不低于 67%,过渡阶段和定常阶段目标被同时检测到的平均检测概率也达到 60% 以上。因此,在复杂水声环境下,S-RHT-TBD 算法对低可探测目标仍具有较好的检测性能。在相同信噪比条件下,过渡阶段检测概率要低于定常阶段,这是因为过渡阶段并非严格圆周运动,过渡阶段和定常阶段取三点,显然,耗时要大于初始阶段。

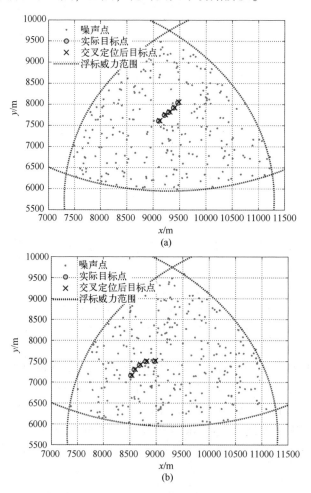

第 5 章 典型机动运动目标 RHT-TBD 检测技术

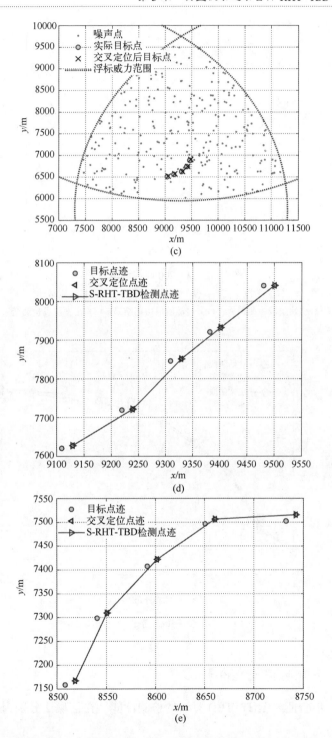

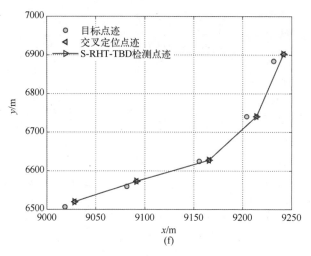

图 5-18 $\lambda = 200$ 时检测示意图

(a) 阶段 1 初始；(b) 阶段 2 过渡；(c) 阶段 3 定常；
(d) 初始阶段检测结果；(e) 过渡阶段检测结果；(f) 定常阶段检测结果。

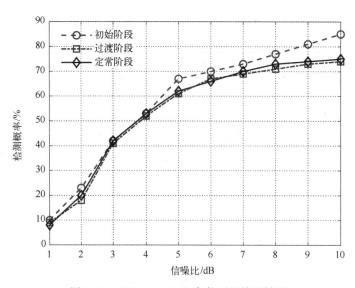

图 5-19 SNR = 1~10dB 条件下的检测结果

5.4.2.3 检测性能对比分析

为进一步验证 S-RHT-TBD 算法的检测性能，在信噪比分别为 3dB、5dB、

10dB 的条件下，采用 PF-TBD[66]算法、RFS-TBD[72]算法和本书提出的 S-RHT-TBD 算法进行检测性能对比分析。图 5-20 给出了 SNR=5dB 时 3 种算法的检测结果。表 5-2 给出了 3 种信噪比下 3 种算法的平均检测误差和单步运行时间。其中，噪声密度 $\lambda=200$、测角误差为 $0.5°$，PF-TBD 方法和 RFS-TBD 方法的其他参数设定分别与文献［66］和文献［72］一致，S-RHT-TBD 算法的参数设置与 5.2.3.1 节一致。

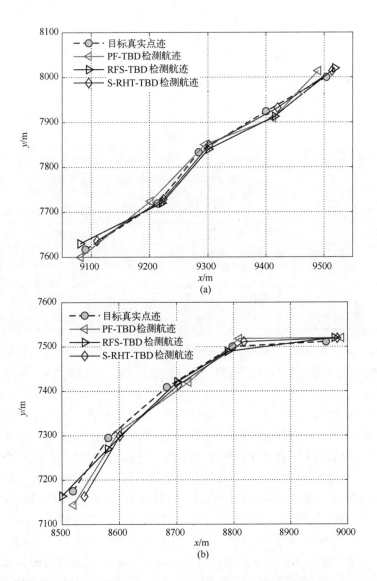

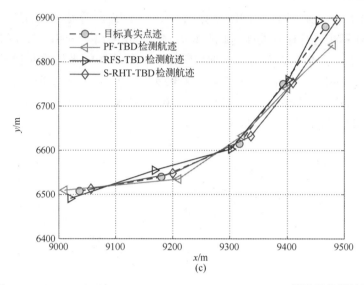

图 5-20　SNR=5dB 时 PF-TBD、RFS-TBD、S-RHT-TBD 算法的检测结果
（a）初始阶段检测结果；（b）过渡阶段检测结果；（c）定常阶段检测结果。

表 5-2　PF-TBD、RFS-TBD、S-RHT-TBD 算法检测性能比较

信噪比/dB	平均误差/m			平均时间/s		
	PF-TBD	RFS-TBD	S-RHT-TBD	PF-TBD	RFS-TBD	S-RHT-TBD
3	58.6	56.6	58.3	43.5	43.1	41.9
5	43.1	42.4	42.7	41.2	40.9	39.2
10	39.3	38.5	39.2	40.1	39.8	38.3

由图 5-20 可知，3 种算法检测航迹变化趋势与水下目标的真实航迹相一致，说明 3 种算法都能对水下目标进行有效检测。通过表 5-2 可以进一步得知：

（1）PF-TBD、RFS-TBD、S-RHT-TBD 算法的检测平均误差都随着信噪比的增加而减小。在相同信噪比条件下，S-RHT-TBD 算法的检测性能优于 RFS-TBD 算法，RFS-TBD 算法优于 PF-TBD 算法。这是因为 RFS-TBD 算法将最优贝叶斯滤波器——伯努利滤波器用于随机开/关切换单个动态系统，S-RHT-TBD 算法状态估计的精度优于用次优贝叶斯滤波器的 PF-TBD 算法。由于 S-RHT-TBD 算法在参数空间中设置多判决门限，并且通过点迹优化来提高检测性能，因此，S-RHT-TBD 算法和 RFS-TBD 算法的平均误差相差不大。

（2）PF-TBD、RFS-TBD、S-RHT-TBD 算法的平均运行时间都随着信噪比的增加而减少。在信噪比为 3dB 时，S-RHT-TBD 算法耗时分别比 PF-TBD

算法、RFS-TBD 算法降低了 3.6%、2.7%。这是因为 PF-TBD 算法和 RFS-TBD 算法在提高状态估计的精度同时也增加了算法的运算量；由于采用随机 Hough 变换，S-RHT-TBD 算法的时效性优于 PF-TBD 算法、RFS-TBD 算法，这与 4.3.2 节 RHT 算法复杂度分析结论相一致。

从整体上看，S-RHT-TBD 算法的检测性能与 RFS-TBD 算法[66]相当，略优于 PF-TBD 算法[72]。

本节提出了一种基于 AC-RA-DA 和小舵角旋回运动 RHT-TBD 的检测算法（S-RHT-TBD），解决了做小舵角旋回运动水下目标的被动检测问题。

（1）在信噪比不低于 3dB、测角误差不大于 0.5°、复杂水下噪声的条件下，S-RHT-TBD 算法对水下小舵角旋回运动目标的 3 个阶段的平均检测概率都达到 60% 以上。

（2）S-RHT-TBD 算法的检测性能整体上达到了现有的 PF-TBD、RFS-TBD 等检测算法的水平。

在信噪比为 3dB 时，S-RHT-TBD 算法平均耗时分别比上述两种算法降低了 3.6% 和 2.7% 以上。总体而言，S-RHT-TBD 算法在小舵角旋回运动水下目标被动检测中具有较好的适用性。

针对现代潜航器的隐身性能提升和声纳被动探测需要，在水下目标做典型机动运动的场景下，提出了一类基于 AC-RA-DA 和典型机动运动 RHT-TBD 的被动检测算法。首先，根据水下目标典型机动运动的特性，构建了 3 种典型机动运动模型集合。针对 3 种典型的机动运动，分别研究了基于 AC-RA-DA 和类圆弧运动 RHT-TBD 的检测算法（C-RHT-TBD）、基于 AC-RA-DA 和类抛物运动 RHT-TBD 的检测算法（P-RHT-TBD）、基于 AC-RA-DA 和小舵角旋回运动 RHT-TBD 的检测算法（S-RHT-TBD），并对算法的复杂度和有效率进行理论分析。仿真结果表明，在对应的运动模型、复杂水声、低信噪比的条件下，本章提出的 3 种算法具有良好的可行性，整体性能达到或超过现有 TBD 算法的性能。此外，本章算法也适用于多目标航迹过近情况下的检测。

第 6 章 非典型运动目标 RHT-TBD 检测技术

第 4 章和第 5 章中分别研究了水下目标在不同运动模型条件下对应的检测方法,具有良好的检测效果。但上述检测方法大多针对某一具体场景展开研究,方法的适用性仍需进一步试验。在实际声纳浮标探测作业中,水下目标数量、类型、运动状态往往未知,检测方法的自适应性和匹配度显得尤为重要,因此,基于检测预处理的各类改进 HT-TBD 的检测算法的自适应匹配度也是衡量其检测性能的重要指标。

为了解决非典型运动水下目标的被动检测问题,首先,研究水下非典型运动模型自动匹配技术;其次,将各类基于 AC-RA-DA 和改进 HT-TBD 的检测算法融合,提出一种基于 AC-RA-DA 和自适应 RHT-TBD 的检测算法(The Detection Algorithm Based on AC-RA-DA and Adaptive RHT-TBD,A-RHT-TBD);最后,在声纳浮标覆盖阵和拦截阵条件下,利用典型案例中实测数据对 A-RHT-TBD 算法的检测性能进行验证。此外,本章还对三维空间的水下弱目标被动检测算法和系统进行了探究。

6.1 水下运动模型自动匹配技术

根据 5.1 节水下目标运动轨迹,分析水下目标运动特性,在水下目标运动模型集中自动匹配目标运动模型。假设连续 $K(K \geq 5)$ 个时刻内交叉定位预处理获得量测点的位置坐标为 $\{(x_k, y_k) | k = 1, 2, \cdots, K\}$,根据速度约束条件、加速度约束条件、角度约束条件判断水下目标运动的轨迹特性。

假设各时刻对应的量测点数相同。为了方便阐述约束条件,不妨令一个时刻对应一个量测点。在笛卡儿坐标系 xoy 中,选择任意相邻两个 k、$k+1$ 时刻的量测点,分别计算速度、加速度和角度及角度变化率。

计算 x 和 y 方向上的速度 v_x 和 v_y,其表达式为

$$(v_x, v_y) = \left(\left| \frac{x_{k+1}-x_k}{t_{k+1}-t_k} \right|, \left| \frac{y_{k+1}-y_k}{t_{k+1}-t_k} \right| \right) \tag{6-1}$$

当连续量测点的速度 $v_{\min} \leqslant v_x$ 且 $v_y \leqslant v_{\max}$ 时,则表示 k、$k+1$ 时刻的量测点为有效量测点。其中,$v_{\min}$ 和 $v_{\max}$ 分别为目标的速度最值,即为速度约束条件。

对于 $k-1$、k、$k+1$ 时刻有效量测点,计算加速度的绝对值 a_x 和 a_y,其可以表示为

$$\begin{cases} a_x(t_{k+1}) = \left| \dfrac{x_{k+1}-x_k}{t_{k+1}-t_k} - \dfrac{x_k-x_{k-1}}{t_k-t_{k-1}} \right| \\ a_y(t_{k+1}) = \left| \dfrac{y_{k+1}-y_k}{t_{k+1}-t_k} - \dfrac{y_k-y_{k-1}}{t_k-t_{k-1}} \right| \end{cases} \tag{6-2}$$

当连续量测点的加速度差满足条件为

$$\begin{cases} \Delta a_x(t_{k+1}) = a_x(t_{k+1}) - a_x(t_k) \approx 0 \\ \Delta a_y(t_{k+1}) = a_y(t_{k+1}) - a_y(t_k) \approx 0 \end{cases} \tag{6-3}$$

则表示在 $K(K \geqslant 5)$ 个时刻内目标运动轨迹为线性或圆弧,即为加速度约束条件。

为了进一步排除中圆弧的干扰,对于满足角速度约束条件的量测点,计算相邻量测点间夹角 φ_x 和 φ_y,即

$$\begin{cases} \varphi_x(t_{k+1}) = \arccos \left[\dfrac{(x_{k+1}-x_k)(x_{k+1}-x_k)}{|t_{k+1}-t_k||t_{k+1}-t_k|} \right] \\ \varphi_y(t_{k+1}) = \arccos \left[\dfrac{(y_{k+1}-y_k)(y_{k+1}-y_k)}{|t_{k+1}-t_k||t_{k+1}-t_k|} \right] \end{cases} \tag{6-4}$$

当连续量测点的角度差满足条件为

$$\begin{cases} \Delta \varphi_x = \Delta \varphi_x(t_{k+1}) - \Delta \varphi_x(t_k) \approx 0 \\ \Delta \varphi_y = \Delta \varphi_y(t_{k+1}) - \Delta \varphi_y(t_k) \approx 0 \end{cases} \tag{6-5}$$

则表示目标运动轨迹为线性,即为角度约束条件。

根据 4.1 节直线运动模型集 D_{line} 和 5.1 节典型机动运动模型集 D_{noline},构建水下目标运动自动匹配模型集 $D^* = \{D_{\text{line}}, D_{\text{noline}}\}$。

水下目标运动模型自动匹配算法流程见算法 6.1。

算法 6.1：水下目标运动模型自动匹配算法

输入：交叉定位后的预处理数据
1　根据式（6-1），计算相邻时刻量测点的速度
2　If 满足速度约束条件
　　　根据式（6-2），计算有效量测点的加速度
3　　If 满足加速度约束条件
　　　　　根据式（6-4），计算满足式（6-3）的量测点间的夹角
4　　　If 满足角度约束条件
　　　　　得到直线运动目标模型
5　　　Else
　　　　　得到典型机动运动目标模型
6　　End
7　　Else
　　　　得到典型机动运动目标模型
8　　End
9　Else
　　　同时进行直线运动检测和典型机动运动检测
10　End
输出　水下目标非典型运动模型

6.2　基于 AC-RA-DA 和自适应 RHT-TBD 的检测算法

在水下目标运动状态未知条件下，提出了一种基于 AC-RA-DA 和自适应 RHT-TBD 的检测算法（A-RHT-TBD）。首先，根据 AC-RA-DA 预处理后的量测点，在运动约束条件下，判断其运动模型。如果不满足，则先后进行直线运动检测和典型机动运动检测。如果匹配为直线运动模型，采用直线 RHT-TBD 算法进行检测，改善 NDT-HT-TBD 检测方法的时效性，检测流程参照 4.3 节和 5.4 节；如果匹配为典型机动运动模型，则分别采用 C-RHT-TBD 算法、P-RHT-TBD 算法、S-RHT-TBD 算法进行检测，检测流程见 5.2 节~5.4 节。最后，根据获得检测点迹作为起始航迹，进行航迹跟踪。当匹配到初始阶段检测时，图 6-1 给出了 A-RHT-TBD 检测的流程图。

A-RHT-TBD 检测算法计算流程见算法 6.2。

第 6 章 非典型运动目标 RHT-TBD 检测技术

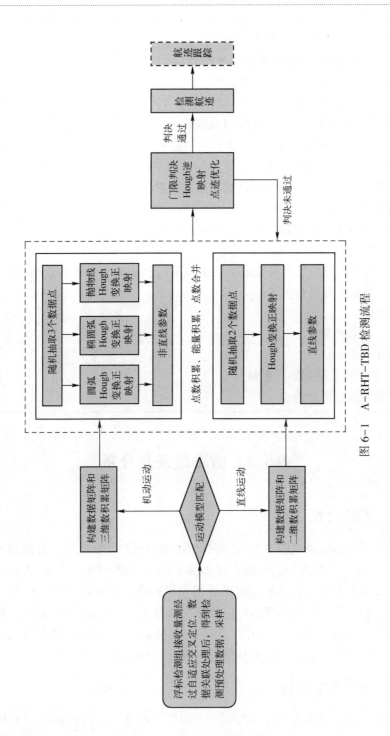

图 6-1 A-RHT-TBD 检测流程

算法 6.2：A-RHT-TBD 检测算法

输入：声纳浮标检测组获取量测数据
1. 检测预处理，得到预处理数据
2. 根据算法 6.1 得到水下目标运动模型
3. 构建数据矩阵及对应的参数积累矩阵
4. 根据匹配的目标运动模型，采用对应随机 Hough 变换方程，获得确定参数点、出现次数和对应的能量
5. 将得到的参数点分别进行点数积累、能量积累
6. 参数点合并
7. 能量判决和点数判决
8.   If 判决通过
9.   对参数点集进行对应的随机 Hough 变换逆映射，得到数据矩阵中的数据点对集合
10.   Else
11.   转到位置 4
12. End
13. 点迹优化及数据矩阵更新

输出 水下目标运动轨迹

6.3 仿真验证及分析

6.3.1 参数设置

设水下目标运动航向为 50°，浮标检测组由 3 枚浮标组成，分别为 1 号浮标、2 号浮标、3 号浮标。在噪声密度 $\lambda = 100$、SNR = 5dB、测角误差为 0.5°的条件下进行仿真实验。根据声纳浮标布设顺序，以 1 号声纳浮标为覆盖阵的基准浮标，设 1 号声纳浮标对应的坐标位置为（6.1km，10.1km），被动声纳浮标作用距离为 5km，相邻浮标间距为 4.5km。以浮标检测组监听水声信号为基础对 A-RHT-TBD 算法的检测性能进行分析研究。

6.3.2 算法性能分析

根据 6.3.1 节参数条件，由 1 号浮标位置推导出 2 号浮标的位置坐标为

(10.2km, 8.1km)、3 号浮标的位置坐标为（10.1km, 12.1km）。根据 6.2 节 A-RHT-TBD 算法步骤对声纳浮标处理系统中的预处理数据进行处理。图 6-2 显示了声纳浮标阵对应的检测结果。

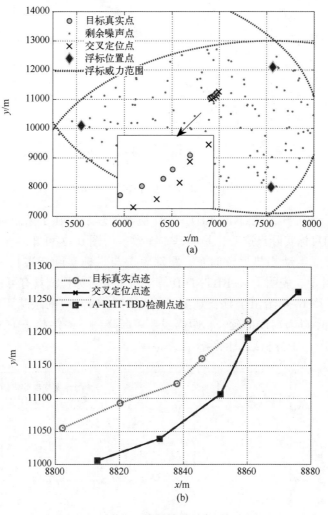

图 6-2 检测结果示意图
(a) 目标航迹示意图；(b) 检测结果。

为了判读疑似水下目标的运动趋势，延长观测时间为 300s，在 A-RHT-TBD 初始航迹检测成功后，采用 KF 算法[109]对交叉定位后的点迹作进一步跟踪处理，实现了 KF 跟踪航迹逐渐趋于目标真实航迹，跟踪处理后的结果如图 6-3 所示。

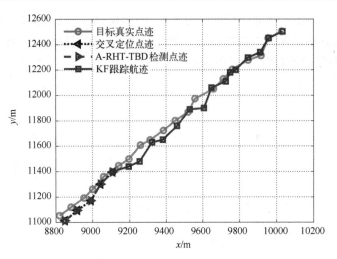

图 6-3 跟踪处理后航迹示意图

由图 6-2 可知,经过 A-RHT-TBD 检测处理后存在 1 条目标检测航迹,检测点迹和目标实际点迹变化趋势基本一致。由图 6-3 可知,在对应的观测时间内,目标运动趋势大致向东,跟踪轨迹与目标实际点迹相一致。因此,图 6-2 和图 6-3 表明了 A-RHT-TBD 算法对水下目标检测具有可行性。

此外,图 6-4 给出了延长观测时间为 300s 后对应的跟踪距离误差。由图 6-4 可知,随着时间的延长,距离误差逐渐降低,最终趋于 $1.5a$ 左右,满足文献 [125] 中分析结果的距离误差范围。

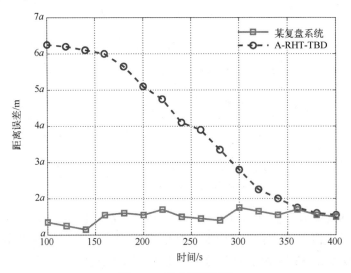

图 6-4 平均跟踪误差

本节提出了一种基于 AC-RA-DA 和自适应 RHT-TBD 的被动检测算法（A-RHT-TBD），解决了非典型运动水下目标的被动检测问题。首先，采用 AC-RA-DA 完成了检测预处理；其次，将第 4 章和第 5 章中研究的各类基于 AC-RA-DA 和改进 HT-TBD 的检测算法融合，提出了基于 AC-RA-DA 和自适应 RHT-TBD 的被动检测算法；最后，将 A-RHT-TBD 算法用于某复盘系统中的数据处理，实现了水下运动目标的被动检测。验证表明，A-RHT-TBD 算法在覆盖阵中对水下目标被动检测的有效性，检测结果与某复盘系统分析结果基本一致性。

6.4 基于三维空间的自适应 HT-TBD 检测算法

目前，对 HT-TBD 算法研究主要集中在直线类运动目标检测，或是个别典型曲线类运动目标检测，而在运动状态未知条件下适应性较差。在执行游弋航渡区、潜入伏击区和逃离危险区任务时，水下目标机动运动通过变速、变向、变深来保证其水下航行安全。但现有直线类 HT-TBD 算法和典型曲线类 HT-TBD 算法主要集中于水平层面，而部分被动定向声纳浮标量测俯仰信息缺失或利用不充分，导致在三维空间中水下机动弱目标被动检测变得更加复杂。

现有技术中传统被动定向声纳浮标探测水下机动弱目标存在的缺点主要包括：现有被动定向声纳浮标协同定位依靠人工选取浮标，降低了定位精度和定位效率；现有被动定向声纳浮标组仅利用方位信息进行水平层面检测，缺少深度层面检测，影响水下目标被动的检测完整性和可靠性；现有的直线类 Hough 检测方法和曲线类随机 Hough 检测方法仅对航迹确定的运动目标检测有效，而对航迹未知运动目标检测性能适用性较差；海洋环境噪声强度远大于目标声源强度，常常淹没目标信号，海洋环境噪声测量误差对最终目标探测精度影响较大。

针对上述现有技术的缺点，探究一种基于被动声纳浮标阵的三维空间水下机动弱目标自适应检测算法（Adaptive HT-TBD Detection Algorithm Based on Three-Dimensional Space, 3D-AHT-TBD），以降低人在声纳浮标在协同定位处理中不利影响，并以改善机动目标检测航迹的适用性和可靠性。需要说明的是，本节中所指的被动定向声纳浮标阵中浮标为具有测量方位角和俯仰角功能的被动定向声纳浮标。

3D-AHT-TBD 算法的基本思想：首先，采用双最值法自动构建协同检测浮标组，利用协同检测浮标组定位水声信号，并消除协同检测区域外水下噪声及干扰；其次，将分段采样处理后的定位信息分别在水平方向和垂直方向投影，利用检测前跟踪理论和 Hough 检测算法集对双平面的位置信息进行自适应检测，从噪声和干扰中获取满足双积累门限的点迹；如果检测不成功，则重新分段采样处理并重复投影和检测过程，获取初始检测点迹；最后，采用多级运动约束条件融合双平面点迹，得到高精度的目标真实航迹，即实现水下弱目标的被动检测。图 6-5 给出了 3D-ARHT-TBD 检测流程示意图。

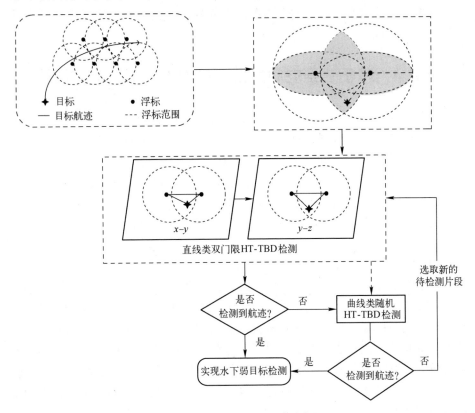

图 6-5　3D-AHT-TBD 检测流程

6.4.1　3D-AHT-TBD 检测算法

步骤 1：在被动定向声纳浮标阵中采用能量最大值法和间距最小值法自动确定协同检测声纳浮标组，在三维空间中协同检测浮标组利用协同定位技术，消除协同检测区域外水下噪声及干扰，得到待检测片段信息。

步骤 2：利用检测前跟踪理论和 Hough 检测算法集对水平平面和垂直平面的位置信息进行自适应检测，从噪声和干扰中获取满足双积累门限的点迹。

步骤3：采用多级运动约束条件融合双平面点迹，得到高精度的目标真实航迹，即实现水下弱目标的被动检测。

6.4.2　3D 被动浮标阵预处理

假设被动声纳浮标覆盖阵中任一枚声纳性能相同、数据同步。在覆盖阵的探测范围内，通过检测各声纳浮标位置及获取的信号强度，根据信号强度最大值和间距最小值法来确定协同检测浮标组。图 6-6 给出了协同检测声纳浮标组的过程。假设声纳浮标覆盖阵由 N 行 M 列被动声纳浮标组成，其中，相邻行间距、相邻列间距分别为 D、d。在直角坐标系 $oxyz$ 中，声纳浮标位置坐标为 $(x_{si}, y_{si}, z_{si})(i=1,2,\cdots,N\times M)$，$k$ 时刻第 i 枚声纳浮标量测数据集合为

$$Z_i = \{z_{ki} | k=1,2,\cdots,K\} \tag{6-6}$$

式中：$z_{ki} = \{(\alpha_{k(i)j}, \beta_{k(i)j}, e_{k(i)j}) | j=1,2,\cdots,n_j\}$ 为 k 时刻第 i 枚声纳浮标接收数据集。其中，n_j 为量测数目，$\alpha_{k(i)j}$ 为第 j 个测量的方位角，$\beta_{k(i)j}$ 为第 j 个测量的俯仰角，$e_{k(i)j}$ 为第 j 个测量的能量信息。

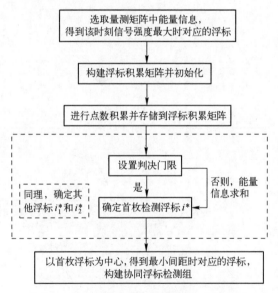

图 6-6　协同检测声纳浮标组构建原理图

根据式（3-5）进一步搜寻声纳覆盖阵中次最大能量值两枚浮标 i_1^* 和 i_2^*，再根据间距最小值法搜寻对应的声纳浮标，得到协同检测浮标组 (i^*, i_1^*) 或 (i^*, i_2^*)。其中，间距最小值公式为

$$\min\{R(i_1^*,i^*),R(i_2^*,i^*)\} \quad (6-7)$$

式中：$R(i_1^*,i^*)$为浮标i^*和浮标i_1^*的间距；$R(i_2^*,i^*)$为浮标i^*和浮标i_2^*的间距。

在直角坐标系 $oxyz$ 中，采用协同检测浮标组(i^*,i^{**})处理k时刻n_j个量测$z_{ki}=\{(\alpha_{k(i)j},\beta_{k(i)j},e_{k(i)j})|j=1,2,\cdots,n_j,i=i^*,i^{**}\}$中的方位信息$\alpha_{k(i)j}$、俯仰信息$\beta_{k(i)j}$以及能量信息$e_{k(i)j}$，采用交叉定位技术获取水下弱目标三维空间位置和能量信息$(x_{k(i^*)j},y_{k(i^*)j},z_{k(i^*)j},e_{k(i^*)j})$，图6-7给出了协同检测声纳浮标组协同定位原理图。根据协同检测浮标组探测范围和水下弱目标运动先验信息预估水下弱目标通过声纳浮标阵的时间，得到待检测片段信息。

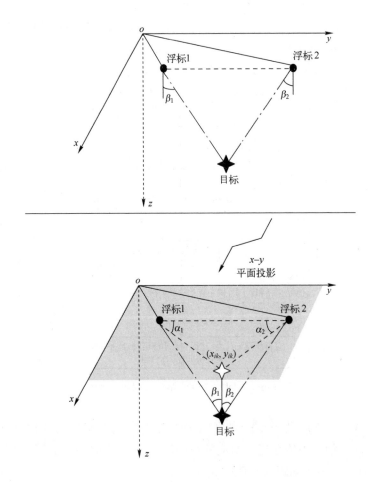

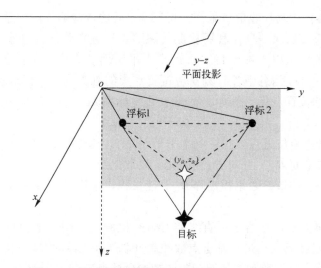

图 6-7 协同检测声纳浮标组协同定位原理图

6.4.3 3D 自适应 Hough 检测

图 6-8 给出了自适应 Hough 检测流程图,具体步骤如下。

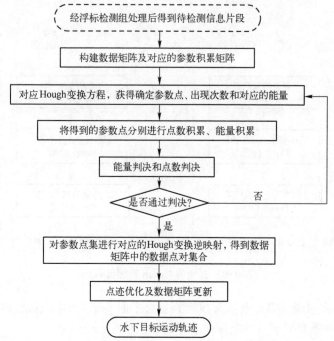

图 6-8 自适应 Hough 检测算法流程图

步骤1：检测片段信息采样，将三维空间的待检测片段信息投影到水平层面信息和垂直层面信息；利用检测前跟踪理论分别采样处理水平层面和垂直层面的位置信息以及能量信息，得到水平层面和垂直层面的待检测点迹集；假设在同一分段信息中各时刻对应位置点集的维数为 N，任取连续 $K(K \geqslant 5)$ 个时刻内的位置点集，例如，在笛卡儿坐标系 $oxyz$ 中，k 时刻的位置点集为 $Z_k = \{(x_{ik}, y_{ik}, z_{ik}) | i = 1, 2, \cdots, N\}$ $(k = 1, 2, \cdots, K)$。

步骤2：将位置点集投影到水平平面 x-y，构建数据空间 $\boldsymbol{A}_{xy} = \{Z_1, Z_2, \cdots, Z_K\}$ 和参数空间 $\boldsymbol{B}_{xy}$，并对 $\boldsymbol{B}_{xy}$ 初始化、离散化处理。

步骤3：构造参数累积矩阵 $\boldsymbol{D}_{xy}$ 和能量积累矩阵 $\boldsymbol{E}_{xy}$，并对 $\boldsymbol{D}_{xy}$ 和 $\boldsymbol{E}_{xy}$ 初始化处理。

步骤4：图6-9给出了直线类Hough检测流程图。采用直线类Hough检测算法集对 $\boldsymbol{A}_{xy}$ 和 $\boldsymbol{B}_{xy}$ 进行基于点数和能量双门限积累的HT检测，在水平平面 x-y 上计算满足点数和能量双门限的初始目标点迹。

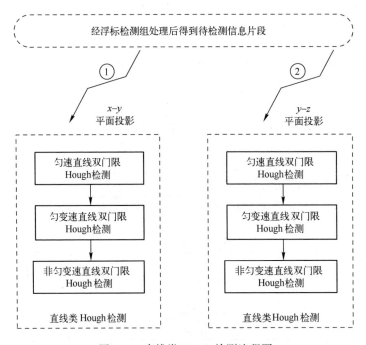

图6-9 直线类Hough检测流程图

步骤5：同理，将位置点集投影到垂直平面 y-z，构建数据空间 $\boldsymbol{A}_{yz}$ 和参数空间 $\boldsymbol{B}_{yz}$，在垂直平面 y-z 上获取水下目标点迹。

步骤6：如果直线类Hough检测点迹不存在，在水平平面 x-y 上构建曲线

参数空间 C_{xy}，并对 C_{xy} 初始化、离散化处理。

步骤 7：构造参数累积矩阵 F_{xy} 和能量积累矩阵 G_{xy}，并对 F_{xy} 和 G_{xy} 初始化处理。

步骤 8：在水平平面 x-y 数据空间 A_{xy} 中随机选择 3 个数据点 $[Z_i, Z_j, Z_k]$ $(i,j,k=1,2,\cdots,K)$，根据曲线随机 Hough 变换方程集，计算曲线参数集。

步骤 9：图 6-10 给出了曲线类随机 Hough 检测流程图。采用曲线类随机 Hough 检测算法集对数据空间 A_{xy} 和参数空间 C_{xy} 进行基于点数与能量双门限积累的随机 Hough 检测，在水平平面 x-y 上计算满足双积累门限的初始目标点迹。

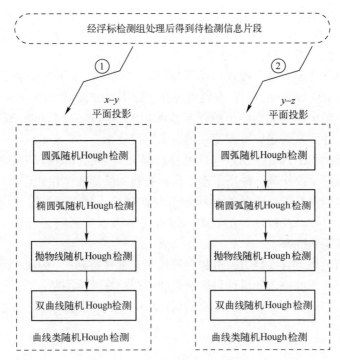

图 6-10　曲线类随机 Hough 检测流程图

步骤 10：同理，将位置点集投影到垂直平面 y-z，构建数据空间 A_{yz} 和参数空间 B_{yz}，在垂直平面 y-z 上获取水下目标点迹。

步骤 11：如果检测不成功，则重新分段采样处理并重复投影和检测过程，获取初始检测点迹。

6.4.4 3D 点迹优化处理

点迹优化处理方法具体包括以下几方面。

步骤 1：如果 6.4.3 节中检测点迹存在，则进行点迹优化处理，选择水平平面 $x-y$ 中水下目标点迹中任意相邻 k、$k+1$、$k+2$ 时刻的数据点，分别计算声纳浮标量测在水平平面 $x-y$ 中的速度、加速度、航向和航向变化率作为约束条件，根据水下目标运动先验信息，对满足约束条件的初始点迹合并，对不满足约束条件的初始点迹剔除，改善目标点迹的准确度，即在水平平面 $x-y$ 上获取高拟合度的水下目标点迹。

步骤 2：同理，在垂直平面 $y-z$ 上获取高拟合度的水下目标点迹。

步骤 3：合并同一时刻相同数据点集，实现双平面 $x-y$ 和 $y-z$ 相同点迹空间融合，完成水下弱目标被动检测。

对比现有技术，基于被动声纳浮标阵的三维空间水下机动弱目标自适应检测算法（3D-ARHT-TBD）有益效果在于以下几方面。

（1）利用构建被动定向声纳浮标检测组实现自动协同定位，降低了人为操作不确定性，改善定位可靠度并提高了定位效率。

（2）直接利用现有被动定向声纳浮标组方位信息和俯仰信息进行水平平面检测与深度平面检测，提高了水下目标被动的检测完整性和可靠性。

（3）利用现有 Hough 检测和检测前跟踪理论，减少了海洋环境噪声、水上水下干扰目标以及被动声纳探测门限设置等因素的影响，可有效降低声纳浮标虚警和漏检概率。

（4）通过构建直线类 Hough 检测算法集和曲线类随机 Hough 检测算法集，实现自适应对于航迹未知机动目标仍然能够有较好的检测精度。

（5）可实现水下三维空间内机动弱目标的航迹检测。

第 7 章 试验验证分析

前面章节所研究的检测方法基本上覆盖了水下目标各种运动场景，第 4 章研究了直线运动目标 HT-TBD 检测算法，实现了在多目标、低信噪比和复杂水声环境条件下的有效检测；第 5 章重点研究了典型机动运动单目标 RHT-TBD 检测算法，实现了在低信噪比和复杂水声环境条件下的有效检测；第 6 章将水下目标运动匹配模型与上述两类检测算法融合，研究了非典型运动的自适应检测算法。

为了进一步验证第 4 章提出的基于直线运动的检测算法、第 5 章提出的基于典型机动运动的检测算法以及第 6 章提出的基于非典型运动的检测算法的有效性，开展湖试试验验证工作。本章首先制定了试验方案和试验指标；其次采用各类检测方法对湖试试验中的数据进行处理；最后将检测和跟踪结果与实际探测结果和目标实际运动趋势对比分析，验证检测方法的有效性。

为了验证算法的检测性能及稳定性，在新安江水库（千岛湖）进行一系列外场试验，通过设置不同试验场景，最终达到了预期指标。

7.1 试验主要参数指标

7.1.1 探测设备指标

(1) 浮标类型：被动定向。
(2) 交叉定位：方位法。
(3) 浮标个数：3 枚。
(4) 浮标阵型：等腰三角形、线形。
(5) 探测方向：水平定向。
(6) 浮标间距：1~2km。
(7) 探测距离：不小于 5km。

(8) 工作频率：1~5kHz。

(9) 入水方式：试验船投放。

7.1.2 环境场地指标

(1) 试验地点：浙江省杭州市淳安县新安江水库。

(2) 探测范围：3km×4km。

(3) 温度指示：0~40℃。

(4) 深度指示：0~50m。

(5) 湖水深度：100m。

(6) 环境噪声谱级：N_{noise}。

7.1.3 目标指标

(1) 目标水下航速：6~10kn。

(2) 目标辐射噪声谱级：不高于 N_{noise}+10dB。

(3) 目标运动路径：直线、曲线。

(4) 目标工作深度范围：30~50m。

(5) 目标个数：1个。

7.1.4 干扰指标

(1) 环境噪声谱级：N_{noise}。

(2) 干扰个数：2个。

(3) 干扰航速：6~10kn。

(4) 干扰谱级：不高于 N_{noise}+10dB。

(5) 干扰工作深度范围：30~50m。

(6) 干扰和目标间距：500~1000m。

(7) 干扰运动路径：直线、曲线。

7.1.5 数据采集及信号预处理

(1) 数据记录：原始数据存储在采集器中。

(2) 采集路数：不小于6路。

(3) 数据采集方式：有线。

(4) 信号预处理：采集器中原始数据预处理。

7.2 试验方案及步骤

在不同的区域，不同的浮标阵型、不同目标和干扰数以及运动参数来设置4种场景开展湖试试验。表7-1给出了4种试验场景设置参数。

表7-1 4种试验场景设置参数

试验序号		目标/个	干扰/个	参与浮标/枚	试验范围
拦截阵试验1		1	0	3	2km×3km
覆盖阵试验2	场景1	1	2	3	2km×4km
	场景2	1	1	3	2km×4km
	场景3	1	0	3	2km×4km

每个场景按照试验步骤实施，如图7-1所示。

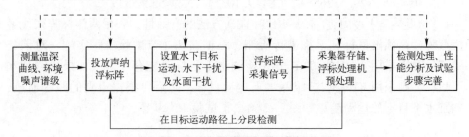

图7-1 试验步骤示意图

步骤1：在探测范围内任选5个位置点，采用温深传感器测量0~50m范围温深曲线，根据经验声速公式计算声速曲线；在对应的位置点处，采用环境噪声传感器测量0~50m范围环境噪声谱级随湖水深度变换曲线，并求取0~50m范围内环境噪声谱级平均值。

步骤2：根据温深曲线选取最优探测深度，通过试验船按照预设浮标间距和阵型投放声纳浮标到指定位置和深度。

步骤3：试验中使用信号源1~5kHz的宽带白噪声模拟目标的辐射噪声信号和干扰信号，经功率放大器放大后经发射换能器发射出去。采用水下无人机装载目标信号发生器，在预设深度、航速、运动路径模拟水下目标运动。同理，采用水下无人机装载干扰信号发生器，在预设深度、航速、运动路径模拟水下干扰，采用试验船按照预设速度、航行路径模拟水面干扰。

步骤4：浮标阵入水后在指定深度工作，采集的水声信号通过浮标天线传回浮标处理机，将原始信号和预处理数据存储到数据采集器存储卡上。

步骤 5：在目标和干扰预设运动路径上，通过改变浮标探测组的位置，实现持续检测和跟踪。

步骤 6：每次试验后，通过数据读取软件读取数据，进行检测处理，分析试验的性能和存在的问题，以便改进。

7.3 新安江水库试验

按照上述试验方案，在新安江水库进行一系列的湖上试验。

7.3.1 拦截阵试验

【试验时间】2023 年 3 月 20 日。

【试验区域】（E119.084865,N29.570687）、（E119.107143,N29.570687）、（E119.084865,N29.552655）、（E119.107143,N29.552655）。

【试验内容】为了验证 A-RHT-TBD 方法的有效性，采用两浮标阵来代替拦截阵，对预设目标和干扰进行检测，根据在 7.2 节试验步骤实施。对采集处理后数据采用 A-RHT-TBD 方法检测水下目标可能存在性，如果检测到水下目标，则采用 KF 滤波，跟踪水下运动目标，之后再根据得到的跟踪航迹，判别水下目标的运动趋势。图 7-2 给出了试验 1 态势图。

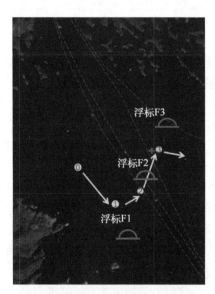

图 7-2 试验 1 态势图

【参数设置】 在试验1探测范围内,浮标初始位置分别为F1# (E119.094926,N29.554351)、F2# (E119.098088,N29.560320)、F3# (E119.101322,N29.569556),搭载目标信号发生器水下无人机初始位置为M1# (E119.089177,N29.561828),目标M1的初始航向分别为150°。其中,浮标作用距离为5km,相邻浮标初始间距为1km。为了保证高效的运算时间和有效的检测概率,探测时间为100s,采样次数为5次,采样周期为20s;随机Hough变换重复次数为30000次。Monte Carlo仿真试验次数为100次,以平均值作为最终的检测性能指标。表7-2给出了试验1具体参数。

表7-2 试验1具体参数

编号	时间/s	浮标间距/km	浮标深度/m	目标速度/kn	目标航深/m	目标航向/(°)	参与浮标
1	10:10—10:30	1	10	6	10	60	(F1, F2)
2	10:40—11:00	1	10	6	30	62	(F1, F2)
3	14:30—14:50	2	20	6	10	70	(F1, F3)
4	15:00—15:20	2	20	6	30	77	(F1, F3)
5	16:00—16:20	1	30	6	10	80	(F3, F2)
6	16:30—16:50	1	30	6	30	85	(F3, F2)

选取14:30到14:50时间段内声纳浮标收集的水声信号作为待检测数据仿真。根据6.4节A-RHT-TBD算法对浮标拦截阵观测数据进行检测,得到图7-3所示的检测结果。图7-4显示了延迟300s后,跟踪处理后的结果。

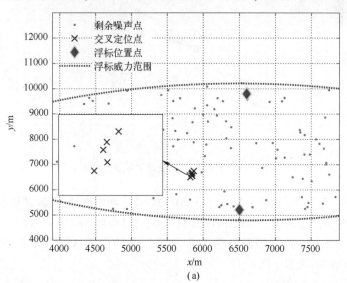

(a)

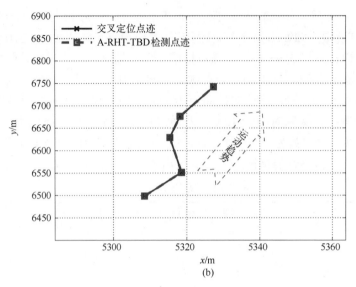

图 7-3 试验 1 检测结果示意图

(a) 声纳浮标组威力范围；(b) 检测结果。

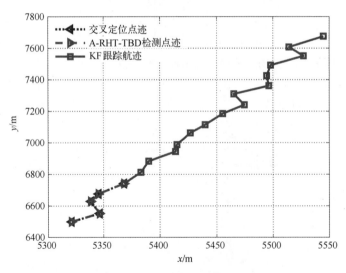

图 7-4 试验 1 跟踪处理后航迹示意图

由图 7-3 可知，经过 A-RHT-TBD 检测处理后存在一条目标检测航迹。由图 7-4 可知，在对应的观测时间内，水下目标运动趋势大致向东，这也与目标实际结果相一致。因此，图 7-3 和图 7-4 验证了 A-RHT-TBD 算法对水下目标检测的有效性。

7.3.2 覆盖阵试验

【试验时间】2023 年 3 月 21 日。

【试验区域】(E119.017456,N29.566038)、(E119.047423,N29.566038)、(E119.047423,N29.546496)、(E119.019109,N29.546496)。

【试验内容】为了验证方法的可行性,采用三浮标阵来代替覆盖阵,对预设目标和干扰进行检测,根据在 7.2 节试验步骤实施。对采集处理后数据采用 A-RHT-TBD 方法检测水下目标可能存在性,如果检测到水下目标,则采用 KF 滤波,跟踪水下运动目标,之后再根据得到的跟踪航迹,判别水下目标的运动趋势。图 7-5 给出了试验 2 态势图。

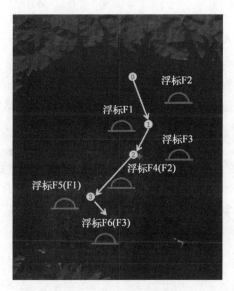

图 7-5 试验 2 态势图

【参数设置】在试验 2 探测范围内,浮标初始位置分别为 F1#(E119.030607,N29.562331)、F2#(E119.039806,N29.562834)、F3#(E119.041387,N29.556927),搭载目标信号发生器水下无人机初始位置为 M1#(E119.030751,N29.566792),搭载干扰信号发生器水下无人机初始位置分别为 G1#(E119.030601,N29.56675)、G2#(E119.030508,N29.566461),目标 M1 的初始航向分别为 160°,干扰 G1 和干扰 G2 的初始航向分别 191°和 231°。其中,浮标作用距离为 5km,相邻浮标间距为 1km。为了保证高效的运算时间和有效的检测概率,探测时间为 100s,采样次数为 5 次,采样周期为 20s;随机 Hough 变换重复次数为 30000 次。Monte Carlo 仿真试验次数为 100 次,以平均值作为最终的检测性能指标。表 7-3 给出了验 2 具体参数。

表 7-3　试验 2 具体参数

编号	时间/s	浮标深度/m	目标速度/kn	目标航深/m	目标航向/(°)	干扰速度/kn
场景 1-1	13:10—13:30	10	6	10	160	15
场景 1-2	13:40—14:00	10	10	30	162	15
场景 2-1	14:30—14:50	20	6	10	192	15
场景 2-2	15:00—15:20	20	10	30	221	15
场景 3-1	16:00—16:20	30	6	10	221	15
场景 3-2	16:30—16:50	30	10	30	230	15

　　分别选取 3 种场景声纳浮标检测组观测的水声信号作为待检测数据。场景 1-2：13:40 到 14:00 时间段内浮标 F1、浮标 F2、浮标 F3 声纳浮标监听的水声信号作为待检测数据；场景 2-2：15:00 到 15:20 时间段内浮标 F1、浮标 F4（F2）、浮标 F3 监听的水声信号作为待检测数据；场景 3-1：16:00 到 16:20 时间段内浮标 F4（F2）、浮标 F5（F1）、浮标 F6 号（F3）监听的水声信号作为待检测数据。

　　根据表 7-3 中的浮标间距，由浮标 F1 位置推导出浮标 F2、浮标 F3、浮标 F4、浮标 F5、浮标 F6 的位置坐标。根据 6.4 节 A-RHT-TBD 算法对浮标覆盖阵观测数据进行检测，得到 3 种场景对应的检测结果。图 7-6～图 7-8 显示了 3 种场景对应的检测结果。

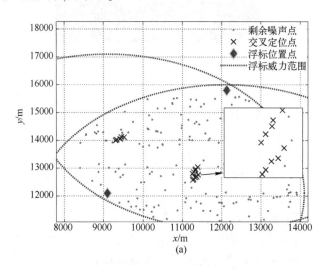

(a)

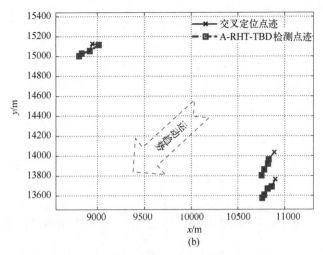

图7-6 试验2（场景1）检测结果示意图
(a) 声纳浮标组威力范围；(b) 检测结果。

由图7-6可知，场景1-2显示3个目标的检测点迹，且在两目标点迹过近情况也能区分检测；由图7-7可知，场景2-2显示两目标检测点迹；由图7-8可知，场景3-1显示单目标检测点迹。由图7-6~图7-8可知，情况1中存在3个目标，而随着时间的推移，在场景1-2和场景2-2中，目标3和目标1相继脱离检测区域，仅剩下速度较慢的目标2。这与实际结果相一致。因此，图7-6~图7-8表明了A-RHT-TBD算法对水下目标检测具有可行性。

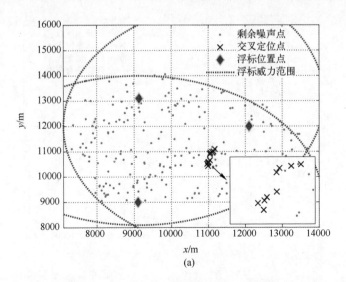

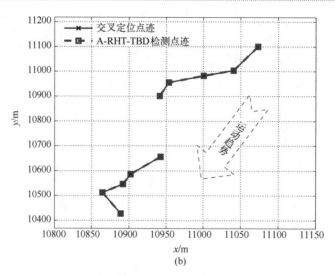

图 7-7 试验 2（场景 2）检测结果示意图
(a) 声纳浮标组威力范围；(b) 检测结果。

疑似水下目标的运动趋势判断也是实际检测中关键一环，与水下目标检测互为佐证。为了判读疑似水下目标的运动趋势，延长观测时间为 300s，在 A-RHT-TBD 初始航迹检测成功后，采用 KF 算法对交叉定位后的点迹作进一步跟踪处理，得到了 KF 跟踪航迹。跟踪处理后的结果如图 7-9 所示。由图 7-9 可知，在对应的观测时间内，3 种场景中检测到目标运动趋势大致向南，这也与实际结果相一致。

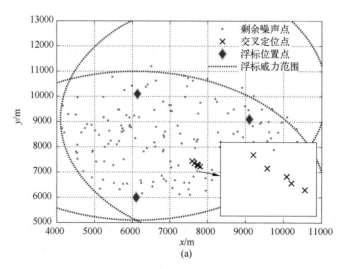

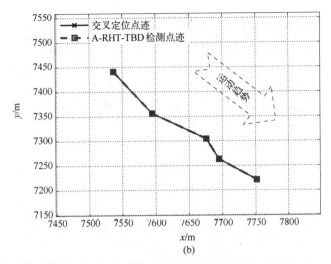

图 7-8 试验 2（场景 3）检测结果示意图
(a) 声纳浮标组威力范围；(b) 检测结果。

7.3.3 试验小结

为了进一步验证各类基于 AC-RA-DA 和改进 HT-TBD 的检测算法的有效性，将本书研究的各类检测方法用于复盘评估系统进行试验验证。首先，介绍了复盘评估系统功能和主要操作；其次，制定了验证方案并分析了典型想定；最后，采用上述各类检测算法对复盘系统中的数据进行处理，同时对得到的检测点迹进行 KF 跟踪处理，得到了跟踪航迹和跟踪距离误差。验证表

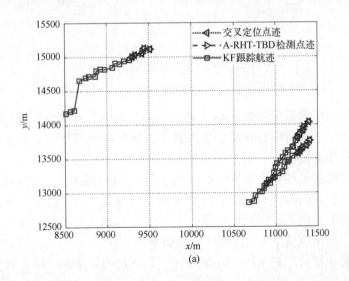

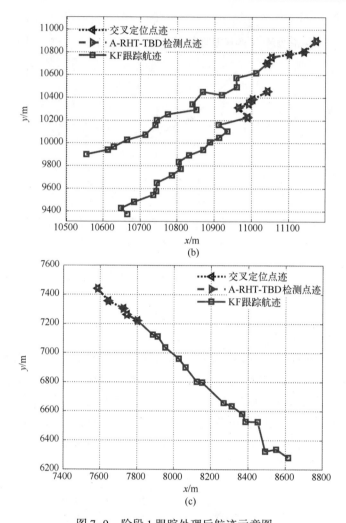

图 7-9 阶段 1 跟踪处理后航迹示意图

(a) 场景 1 跟踪航迹；(b) 场景 2 跟踪航迹；(c) 场景 3 跟踪航迹。

明，通过与水下目标实际航迹结果对比分析，验证了各类的检测算法的有效性。本章采用 A-RHT-TBD 算法展开验证，其他检测算法在水下目标运动状态已知条件下亦适用。

声纳浮标被动探测水下目标是一个理论研究和实践应用的复杂系统问题。本书仅对近似高斯噪声条件下展开了研究，而对非高斯条件下检测问题，还需进一步研究。此外，因条件有限，本书中提出的一些理论和方法还需要进一步验证。归纳概括本书后续研究内容如下：

(1) 基于被动声纳浮标阵的各类 HT-TBD 检测算法在三维空间中的检测

性能研究。本书研究的检测方法仅对近岸沿海浅水区域进行了适应性验证，但深度层面也是影响水下目标检测一个不可忽视的主要因素。例如，实际中大舵角旋回运动轨迹为螺旋线，潜航器的潜浮运动，都需要考虑深度的对检测方法的影响。

（2）被动声纳浮标位置偏移时产生量测误差对检测算法的影响研究。受到投布声纳浮标的操作、空中风以及海区环境的影响，声纳浮标阵在布设时将产生偏差，导致相邻浮标的间隔不再完全相等、相邻行列的间距不再完全一致，声纳浮标在测向时引入测量误差。测向量测误差直接决定了被动声纳浮标交叉定位的精度。

（3）新型被动声纳浮标检测应用以及不同类型声纳的组合使用研究。一方面，可以将本书方法用于新型航空被动声纳浮标检测研究，如具有测俯仰角功能的声纳浮标；另一方面，可以将吊放声纳与被动声纳浮标组合使用，提高交叉定位精度，从而改善本书方法的检测性能。

（4）在非高斯条件下的新型检测算法或基于 HT-TBD 的组合检测算法研究。由于现有的 HT-TBD 算法适用于高斯条件下检测，仿真验证和试验应用也仅在近似高斯条件下实施，而实际中水声条件通常是非高斯的。一方面，研究适用于非高斯条件下的新型检测算法；另一方面，通过预处理将非高斯水声条件近似为高斯条件，之后再利用 HT-TBD 算法进行有效检测。

参考文献

[1] 黄河清. 近现代辞源 [M]. 上海：上海辞书出版社，2010.

[2] 英国柯林斯公司. 柯林斯高阶英汉双解词典 [M]. 北京：商务印书馆，2008.

[3] 鲍克. 英汉电子学精解辞典 [M]. 济南：山东科学技术出版社，1985.

[4] 孙大军，吕云飞，师俊杰，等. 声学滑翔机技术现状及发展趋势 [J]. 数字海洋与水下攻防，2023，6（2）：133-144.

[5] 孟庆昕. 海上目标被动识别方法研究 [D]. 哈尔滨：哈尔滨工程大学，2016.

[6] 欧阳绍修. 固定翼反潜巡逻飞机 [M]. 北京：航空工业出版社，2014.

[7] 刘伯胜，黄奕旺，陈文剑，等. 水声学原理 [M]. 3版. 哈尔滨：哈尔滨工程大学出版社，2019.

[8] 金勇，刘先省，黄建国，等. MIMO声纳方位估计子空间拟合快速算法 [J]. 电子学报，2013，41（10）：5.

[9] 宋泽林. 基于时频域滤波的亮点特征提取及识别研究 [D]. 哈尔滨：哈尔滨工程大学，2019.

[10] 王婷. 长时间积分与匹配场混合处理在声源目标定位中的研究 [D]. 武汉：武汉理工大学，2007.

[11] 刘凯悦，彭朝晖，张灵珊，等. 基于多线谱干扰抑制的水下对空运动声源线谱探测 [J]. 兵工学报，2020，41（9）：1871-1879.

[12] 方世良，刘清宇，朱传奇，等. 一种基于序贯环境学习的弱水声目标线谱自主提取方法 [P]. CN111929666A，2020.

[13] YU S. Sonar image target detectiong based on deep learning [J]. Mathematical Problems in Engineering，2022.

[14] DONG H, WANG H, SHEN X, et al. Parameter matched stochastic resonance with damping for passive sonar detection [J]. Journal of Sound and Vibration，2019，458：479-496.

[15] ZHOU W, WANG Z. Research on autonomous detection method of underwater unmanned vehicle [C]. IEEE International Conference on Signal Processing，Communications and Computing，2021：1-5.

[16] SHAO P, WANG L, PAN Y. Bistatic active sonar Bayesian sequential automatic detection and tracking [C]. International Conference on Computing Control and Insustrial Engineering，2022：89-99.

[17] KUC R. Aritificial neural network classification of foliage targets from spectrograms of sequential echoes using a biomimetic audible sonar [J]. The Journal of the Acoustical Society of America, 2020, 148 (5): 3270-3278.

[18] GAO Y, SUN D, CHEN B. Frequency line extractor using hidden markov models [C]. OES China Ocean Acoustics, 2021: 685-688.

[19] WANG X, SHAO Y. Automatic line spectrum extraction method based on modal signal characteristic analysis [C]. 4th International Conference on Intelligent Control, Measurement and Signal Processing, 2022: 787-792.

[20] PARK J D, DOHERTY J F. A steganographic approach to sonar tracking [J]. IEEE Journal of Oceanic Engineering, 2018, 44 (4): 1213-1227.

[21] JOMON G, JOJISH J V, SANTHANAKRISHNAN T. MVDR beamformer with subband peak energy detector for detection and tracking of fast moving underwater targets using towed array sonars [J]. Acta Acustica United with Acustica, 2019, 105 (1): 220-225.

[22] LOU W, FU Q, FENG K. An improved method of sub-band peak energydetection [C]. Journal of Phsics: Conference Series, 2022, 2258 (1): 012066.

[23] FAJEMILEHIN T O, YAHYA A, LANGAT K. Improving energy detection in cognitive radio systems using machinge learning [J]. Management, 2020, 9: 10.

[24] ZHANG H W, WANG H Y, YANG Y S, et al. Remote passive sonar detection by relative multi-scale change entropy [J]. IEEE sensors Journal, 2022, 22 (18): 18066-18075.

[25] KIM H, SIM S H. Automated peak picking using region-based convolutional neural network for operational modal analysis [J]. Structual Control and Health Monitoring, 2019, 26 (11): e2436.

[26] NIAN R, ZANG L N, GENG X, et al. towards characterizing and developing formation and migration cues in seafloor sand waves on topology, morphology, evolution from high-resolution mapping via side-scan sonar in autonomous underwater vehicles [J]. Sensors, 2021, 21 (9): 1-10.

[27] KIM Y G, KIM Y S, LEE S H, et al. Underwater acoustic sensor fault detection for passive sonar systems [C]. 2016 First International Workshop on Sensing, Processing and Learning for Intelligent Machines, 2016: 1-4.

[28] PINTO M A. Split-beam range-gated doppler velocity sonar for operations at high altitude above the seabed [C]. OCEANS 2018 MTS/IEEE Charleston. IEEE, 2018: 1-6.

[29] DU X. Fault detection using bispectral features and one-class classifiers [J]. Journal of Process Control, 2019, 83: 1-10.

[30] CHEN G H, ZHANG X P, JIANG S, et al. High accuracy nearfield localization algorithm at low SNR using forth-order cumulant [J]. IEEE Communicaitons Letters, 2019, 24 (3): 553-557.

[31] PENG C, YANG L, JIANG X M, et al. A simple ship radiated noise model and its applica-

tion in weak signal detection based on higher order cumulant [C]. 2019 Ninth International Workshop on Signal Design and its Applications in Communications, 2019: 1-5.

[32] XU M Z, YAO Z X, KONG X P, et al. Ships classification using deep neural network based on attention mechanism [C]. OES China Ocean Acoustics, 2021: 1052-1055.

[33] WU Z, YANG F, TANG Y. Intelligent detection and recognition of seabed targets in side-scan sonar images [J]. High-resolution Seafloor Survey and Applications, 2021: 249-275.

[34] HUANG J, HUNG C C, KUANG S R, et al. The prototype of a smart underwater surveillance system for shrimp farming [C]. IEEE International Confernce on Advanced Manufacturing, 2018: 177-180.

[35] SYED T M, PAPPU C S, BEAL A N. Drastically reduced sensor hardware for solvable chaos-based sonar [J]. Electronics Letters, 2022, 58 (21): 810-812.

[36] 国家海洋局科技司海洋大辞典编辑委员会. 海洋大辞典 [M]. 沈阳: 辽宁人民出版社, 1998.

[37] BRUN L C J R P. A modern Canadian submarine force [D]. Ottawa: Canadian Forces College, 2021.

[38] SHAMA A M, SWIDAN A, YOUNG J, et al. Promoting submarine stealth by reducing submarine mast hydrodynamics [C]. IMC 2022 International Maritime Conference, 2022: 1-5.

[39] BAI H, ZHAN Z, LIU J, et al. From local structure to overall performance: An overview on the design of an acoustic coating [J]. Materials, 2019, 12 (16): 2509.

[40] CHEN Y, LI T, PU S, et al. Submarine concealment condition evaluation based on the fuzzy comprehensive evaluation [C]. 2021 4th International Conference on Advanced Electronic Materials, Computers and Software Engineering, IEEE, 2021: 1023-1027.

[41] QIAN C, LI Y. Review on multi-scale structural design of submarine stealth composite [C]. Proceedings of the 2017 2nd International Conference on Architectural Engineering and New Materials, 2017: 25-26.

[42] 闫大海, 张晗, 苗金林, 等. 潜艇隐身技术分析 [J]. 舰船科学技术, 2020, 42 (21): 128-133.

[43] ZHU Y, LI Y, ZHANG N, et al. Candidate-plots-based dynamic programming algorithm for track-before-detect [J]. Digital Signal Processing, 2022, 123: 103458.

[44] HADZAGIC M, MICHALSKA H, LEFEBVRE E. Track-before detect methods in tracking low-observable targets: a survey [J]. Sensors Trans Mag, 2005, 54 (1): 374-380.

[45] 郭戈, 王兴凯, 徐慧朴. 基于声呐图像的水下目标检测、识别与跟踪研究综述 [J]. 控制与决策, 2018, 33 (05): 906-922.

[46] WANG J, JIAO J. Track before detect for low frequency active towed array sonar [C]. 2019 IEEE International Conference on Signal, Information and Data Processing, IEEE,

2019: 1-5.

[47] BARNIV Y. Dynamic programming algorithm for detecting dim moving targets [C]. Multi-target-Multisensor Tracking: Advanced Applications, 1990.

[48] HOUGH P V C. A method and means for recognizing complex patterns [R]. U. S. Patent, 1962.

[49] 樊玲. 微弱目标检测前跟踪算法研究 [D]. 成都: 电子科技大学, 2013.

[50] PUNITHAKUMAR K, KIRUBARAJAN T. A sequential monte carlo probability hypothesis density algorithm for multitargettrack-before-detect[C]. Signal Data Processing Small Targets, 2005, 5913: 1-8.

[51] DAVEY S J, GAETJENS H X. Histogram probabilistic multi-hypothesis: tracking track-before-detect using expectation maximisation [M]. Springer, Singapore, 2018: 59-87.

[52] GUO J, CHENG S W, LIU T C. AUV obstacle avoidance and navigation using image sequences of a sector scanning sonar [C]. Proceedings of 1998 International Symposium on Underwater Technology, IEEE, 1998: 223-227.

[53] EL-JABER M, OSMAN A, MELLEMA G R, et al. Target tracking in multi-static active sonar systems using dynamic programming and Hough transform [C]. 2009 12th International Conference on Information Fusion. IEEE, 2009: 62-69.

[54] JING L, HE C, HUANG J, et al. Energy management and power allocation forunderwater acoustic sensor network [J]. IEEE Sensors Journal, 2017, 17 (19): 6451-6462.

[55] DIAMANT R, KIPNIS D, BIGAL E, et al. An active acoustic track-before-detect approach for finding underwater mobile targets [J]. IEEE Journal of Selected Topics in Signal Processing, 2019, 13 (1): 104-119.

[56] TESTOLIN A, DIAMANT R. Combining denoising autoencoders and dynamic programming for acoustic detection and tracking of underwater moving targets [J]. Sensors, 2020, 20 (10): 2945.

[57] GUO Q, LI Z, SONG W, et al. Parallel computing based dynamic programming algorithm of track-before-detect [J]. Symmetry, 2018, 11 (1): 29.

[58] PENG Q, LI W, KONG L. Multi-frame track-before-detect algorithm for passive sonar system [C]. 2019 International Conference on Control, Automation and Information Sciences, IEEE, 2019: 1-6.

[59] CARLSON B D, EVANS E D, WILSON S L. Search radar detection and track with the Hough Transform, Part I: system concept [J]. IEEE Transactions on Aerospace and Electronic Systems, 1994, 30 (1): 102-108.

[60] ERMEYDAN E Ş. Detection and tracking of dim signals for underwater applications [D]. Middle East Technical University, 2010.

[61] MAZUREK P. Parallel distributed downsampled spatio-temporal track-before-detect algorithm [C]. 2014 19th International Conference on Methods and Models in Automation and

Robotics, 2014: 119-124.

[62] WANG J, JIAO J. Track before detect for low frequency active towed array sonar [C]. 2019 IEEE International Conference on Signal, Information and Data Processing, 2019: 1-5.

[63] 滕婷婷. 基于共址 MIMO 图像声纳的水下运动小目标检测跟踪技术研究 [D]. 哈尔滨: 哈尔滨工程大学, 2014.

[64] 申奥. 单频周期脉冲信号 TBD 算法研究与 DSP 实现 [D]. 哈尔滨: 哈尔滨工程大学, 2019.

[65] FAN X S, XU Z Y, ZHANG J L. Dim small target tracking based on improved particle filter [J]. Opto-Electronic Engineering, 2018, 45 (8): 170569.

[66] JING C, LIN Z, LI J. Detection and tracking of an underwater target using the combination of a particle filter and track-before-detect [C]. OCEANS 2016-Shanghai. IEEE, 2016: 1-5.

[67] 李琳. 粒子滤波检测前跟踪算法精度与效率的改进方法研究 [D]. 哈尔滨: 哈尔滨工程大学, 2016.

[68] SAUCAN A A, SINTES C, CHONAVEL T, et al. Robust, track before detect particle filter for bathymetric sonar application [C]. 17th International Conference on Information Fusion (FUSION). IEEE, 2014: 1-7.

[69] YI W, FU L, GARCÍA-FERNÁNDEZ Á F, et al. Particle filtering based track-before-detect method for passive array sonar systems [J]. Signal Processing, 2019, 165: 303-314.

[70] HADZAGIC M, MICHALSKA H, LEFEBVRE E. Track-before detect methods in tracking low-observable targets: A survey [J]. Sensors Trans Mag, 2005, 54 (1): 374-380.

[71] 童慧思, 张颢, 孟华东, 等. PHD 滤波器在多目标检测前跟踪中的应用 [J]. 电子学报, 2011, 39 (9): 2046-2051.

[72] YUN L, HUI X U, WEI A N, et al. Track-before-detect for infrared maneuvering dim multi-target via MM-PHD [J]. Chinese Journal of Aeronautics, 2012, 25 (2): 252-261.

[73] 占荣辉, 刘盛启, 欧建平, 等. 基于序贯蒙特卡罗概率假设密度滤波的多目标检测前跟踪改进算法 [J]. 电子与信息学报, 2014, 36 (11): 2593-2599.

[74] PAKFILIZ A G. Video tracking for visual degraded aerial vehicle with H-PMHT [J]. Radioengineering, 2015, 24 (4).

[75] WALSH M J, GRAHAM M L, STREIT R L, et al. Tracking on intensity-modulated sensor data streams [C]. Proc. of the IEEE Aerospace Conference, 2001: 1901-2001.

[76] CEYLAN S, EFE M. Performance of histogram PMHT algorithm for underwater target tracking [C]. 2010 IEEE 18th Signal Processing and Communications Applications Conference, 2010: 871-873.

[77] VU H, DAVEY S, FETCHER F, et al. Track-before-detect for an active towed array sonar

[J]. Acoustics. Victor Harbor, South Australia, 2013.

[78] LUGINBUHL T E, WILLETT P. Estimating the parameters of general frequency modulated signals [J]. IEEE Trans. Signal Process, 2004, 52 (1): 117-131.

[79] CAREVIC D, DAVEY S J. Two algorithms for modeling and xtracking of dynamic time-frequency spectra [J]. IEEE Trans. Signal Process, 2016, 64: 6030-6045.

[80] DUDA R O, HART P E. Use of hough transformation to detect lines and curves in pictures [J]. Communications of the ACM, 1972, 15 (1): 11-15.

[81] SKLANSKY J. On the hough technique for curve detection [J]. IEEE Trans Comput, 1978, 27 (10): 923-926.

[82] BALLARD D H. Generalizing the hough transform to detect arbitrary shapes [J]. Pattern Recognition, 1981, 13 (2): 111-122.

[83] CARLSON B D, EVANS E D, WILSON S L. Search radar detection and track with the Hough transform, Part I: system concept. IEEE Trans Aerosp Electron Syst [J]. IEEE Transactions on Aerospace & Electronic Systems, 1994, 30 (1): 102-108.

[84] 孔敏, 王国宏, 陈娉娉, 等. 基于规格化 Hough 变换的天波超视距雷达检测前跟踪算法 [J]. 电讯技术, 2009, 49 (12): 51-56.

[85] JI C, LEUNG H. A modified probabilistic data association filter in a real clutter environment [J]. IEEE Transactions on Aerospace & Electronic Systems, 1996, 32 (1): 300-313.

[86] 王国宏, 苏峰, 毛士艺, 等. 杂波环境下基于 Hough 变换和逻辑的快速航迹起始算法 [J]. 系统仿真学报, 2002 (7): 874-876.

[87] 王润生. 图像理解 [M]. 长沙: 国防科技大学出版社, 1995.

[88] 孔兵, 王昭, 谭玉山. 基于圆拟合的激光光斑中心检测算法 [J]. 红外与激光工程, 2002, 31 (3): 5.

[89] 闫华, 李胜, 崔闪. 一种基于广义 Hough 变换三维散射中心提取方法: CN104808187B [P], 2017.

[90] 王拯洲, 许瑞华, 胡炳樑. 基于圆拟合的非完整圆激光光斑中心检测算法 [J]. 激光与红外, 2013, 43 (6): 708-711.

[91] LEAVERS A V F. Dynamic generalized Hough transform [C]. European Conference on Computer Vision. Springer Berlin Heidelberg, 1990: 592-594.

[92] 魏怡. 改进的动态广义 Hough 变换及其在圆检测中的应用 [J]. 测绘信息与工程, 1998 (4): 4.

[93] YIP R, TAM P, LEUNG D. Modification of Hough transform for circles and ellipse detection using a 2-dimensional array [C]. 886 Viith Digital Image Computing: Techniques & Applications, Sun C, Talbot H, Ourselin, 1992.

[94] 王国宏, 孔敏, 何友. Hough 变换及其在信息处理中的应用 [M]. 北京: 兵器工业出版社, 2005.

[95] 王强, 胡建平, 胡凯, 等. 一种用于圆检测的快速 HOUGH 算法 [J]. 小型微型计算机系统 (9): 970-973.

[96] 侯宇. 圆和椭圆边缘检测的快速方法 [J]. 中国计量学院学报, 2000, 11 (002): 140-144.

[97] KULTANEN P, XU L, OJA E. Randomized Hough transform [C]. International Conference on Pattern Recognition. IEEE, 2002.

[98] 顾嗣扬, 施鹏飞, 李介谷. 基于自适应 3D-Hough 变换方法估计三维物体的位置参数 [J]. 上海交通大学学报, 1994 (S1): 46-49.

[99] ILLINGWORTH J, KITTLER J. The adaptive Hough transform [J]. IEEE Transactions on Pattern Analysis and Machine Intelligence, 1987.

[100] LU H. A Novel 4D track-before-detect approach for weak targets detection in clutter regions [J]. Remote Sensing, 2021, 13.

[101] WANG X, LU R, LI W. Underwater target passive detection method based on Hough transform track-before-detect [C]. 5th International Conference on Advanced Algorithms and Control Engineering, 2022, 2258 (1): 012073.

[102] SHAMES I, FIDAN B, ANDERSON B D O, et al. Self-localization of formations of autonomous agents using bearing measurements [J]. Handbook of Position Location: Theory, Practice, and Advances, 2011: 899-920.

[103] WU B, YAN P, NIE X, et al. Precision analysis of time difference based on passive location [C]. International Conference on Application of Intelligent Systems in Multi-modal Information Analytics. Springer, Cham, 2021: 507-513.

[104] BRAGIN M A. Data interpolation by near-optimal splines with free knots using linear programming [J]. Mathematics, 2021, 9 (1099): 1-12.

[105] FRAZIFR D T. Robust and efficient approximate bayesian computation: a minimum distance approach [J]. arXiv preprint arXiv: 2006. 14126.

[106] XIN D, CHUNYU T, MEIMEI G, et al. The asymptotic properties of least square estimators in the linear errors-in-variables regression model with φ-mixing errors [J]. Journal of University of Science and Technology of China, 2021, 51 (2): 164.

[107] 盛骤, 谢式千, 潘承毅. 概率论与数理统计 [M]. 5 版. 北京: 高等教育出版社, 2019.

[108] 李林, 王国宏, 于洪波, 等. 一种临近空间高超声速目标检测前跟踪算法 [J]. 宇航学报, 2017, 38 (4): 420-427.

[109] OKON-FAFARA M, WAJSZCZYK B. Use of track-before-detect algorithm to reduce settling period of Kalman filter [C]. Radio electronic Systems Conference, 2019, 114421B: 1-8.

[110] BOASHASH B, O'SHEA P. Time frequency analysis applied to signature of underwater acoustic signals [R]. ICASSP-88, International Conference on Acoustics, Speech, and

Signal Processing, 1988, 5: 2817-2820.

[111] BARBAROSSA S. Analysis of multicomponent LFM signals by a combined wigner-Hough transform [J]. IEEE T rans on Signal Processing, 1995, 43 (6): 1511-1515.

[112] DONALD B, YUAN C, STEVEN L M. Analysing arbitrary curves from the line hough transform [J]. Journal of Imaging 2020, 6 (26): 1-28.

[113] FAN L, ZHANG X, WEI L. A TBD algorithm based on improved randomized Hough transform for dim target detection [C]. International Conference on Signal Processing Systems. IEEE, 2012, 31, 271-285.

[114] LI Q, WU M. An improved Hough Transform for circle detection using circular inscribed direct triangle [C]. 13th International Congress on Image and Signal Processing, BioMedical Engineering and Informatics, 2020: 1-5.

[115] YADAV V K, TRIVEDI M C, RAJPUT S S, et al. Approach to accurate circle detection: multithreaded implementation of modified circular Hough transform [J]. Springer Singapore, 2016.

[116] LOPEZ R E, THURNHOFER H K, BLAZQUEZ P E B, et al. A fast robust geometric fitting method for parabolic curves [J]. Pattern Recognition, 2018, 84: 301-316.

[117] 李纪强, 张国庆. 浅析船舶旋回过程及 MATLAB 仿真 [J]. 船舶, 2021, 32 (2): 16-22.

[118] 张东俊, 黎潇, 米杨. 基于交战进程的潜航器声感知行为机理方程 [J]. 兵工学报, 2020, 41 (5): 958-966.

[119] ZHU T. Ellipse detection: a simple and precise method based on randomized Hough transform [J]. Optical Engineering, 2012, 51 (5): 057203-1-14.

[120] OJA L X. Randomized Hough transform (RHT): basic mechanisms, algorithms, and computational complexities [J]. CVGIP: Image Understanding, 1993.

[121] GUNES A, GULDOGAN M B. Joint underwater target detection and tracking with the Bernoulli filter using an acoustic vector sensor [J]. Digital Signal Processing, 2016, 48: 246-258.

[122] CAO C, ZHAO Y, PANG X, et al. Sequential monte carlo cardinalized probability hypothesized density filter based on track-before-detect for fluctuating targets in heavy-tailed clutter [J]. Signal Processing, 2020, 169: 107367.

[123] KIRYATI N. Randomized or probabilistic Hough transform: unified performance evaluation [R]. Preprint Submitted To Pattern Recognition Letters, 2000.

[124] YU H B, WANG G H, WU W, et al. A novel RHT-TBD approach for weak targets in HPRFradar [J]. Science China Information Sciences, 2016, 59 (12): 1-14.

[125] 孙宇祥, 刘高峰. 基于 Agent 的潜艇作战推演业务建模与仿真 [J]. 系统仿真技术, 2017, 13 (2): 162-169.

主要缩略语

AUV	Autonomous Underwater Vehicle	自主水下航行器
CSO	Costant Shallow Omin	浅水定深全向探测模式
CPHD	Cardinalized PHD	势概率假设密度
CRLB	Cramér-Rao Lower Bound	克拉美-罗界
DBT	Detect Before Track	检测后跟踪
FRDA	Fuzzy Relational Data Association	模糊聚类法
GM	Gaussian Mixture	高斯混合
GP	Gaussian Particle	高斯粒子
HT	Hough Transform	Hough 变换
H-PMHT	Histogram Probabilistic Multi-Hypothesis Tracking	直方图概率多假设跟踪
MLE	Maximum Likelihood Estimation	最大似然估计
MF	Matched Filter	匹配滤波
MeMBer	Multiobjective MultiBernoulli Filter	多目标多伯努利滤波器
NNDA	Near Neighbor Data Association	最邻域法
PD	Dynamic Programming	动态规划
PF	Particle Filter	粒子滤波
PHD	Probability Hypothesis Density	概率假设密度
QT	Quanta Tracking	量子跟踪
RFS	Random Finite Set	随机有限集
SMC	Sequential Monte-Carlo	顺序蒙特卡罗
TBD	Track Before Detect	检测前跟踪
VLAD	Vertical Line Array Directional Buoy	垂直线列阵定向浮标